Tinnitus

GESUNDHEITSRATGEBER

Axel Schildt

Tinnitus

FALKEN

Inhalt

Vorwort

Ich kenne Axel Schildt bereits aus der Zeit, als er einer unter vielen Psychologie-Studierenden in Hamburg war und auch an meinen Lehrveranstaltungen teilnahm. Gleichwohl ist der Autor des vorliegenden Buches mir schon damals aufgefallen, indem er sich durch seine intensive Auseinandersetzung mit der Klinischen Psychologie und Psychotherapie von vielen anderen abhob. Sein Engagement war es, das uns gegen Ende seines Studiums intensiver zusammenführte, zu einer Zeit, als ich dabei war mich mit dem Thema „Tinnitus" aus eigener Betroffenheit intensiv auseinander zu setzen.
Dabei musste ich die Erfahrung machen, dass sich leider viele meiner Kollegen nicht in die Tinnitusproblematik einfühlen konnten, und ich war umso überraschter, dass Axel Schildt starkes Interesse hatte, sich mit Ohrgeräuschen und den möglichen sie begleitenden seelischen Problemen auseinander zu setzen. Indem er den Betroffenen aufgeschlossen zuhörte, von ihnen verborgene Sorgen und Probleme erfuhr und sich insbesondere in sie einzufühlen vermochte, gewann er schnell ihr Vertrauen, was die entscheidende Grundlage jeder psychotherapeutischen Behandlung ist. So konnte er seine wissenschaftlichen Kenntnisse und praktischen Erfahrungen aus der Verhaltenstherapie und Klinischen Hypnose als niedergelassener Psychotherapeut und auch in seiner beratenden Tätigkeit auf der HNO-Station einer Hamburger Klinik mit beachtlichen Erfolgen für viele Hörsturz- und Tinnituspatienten umsetzen.
Dieses Buch ist auf diesem Hintergrund aus seiner mehrjährigen psychotherapeutischen Tätigkeit mit Tinnitus-Betroffenen entstanden, die einen Großteil der Patienten seiner psychologischen Praxis darstellen. Es soll allen Betroffenen ein Ratgeber und Wegweiser sein, ihre eigenen Fähigkeiten zu entwickeln und Kraftreserven in sich selbst zu finden um ihre Lebensqualität trotz der Ohrgeräusche wiederzuerlangen und weiter zu verbessern.
Das regelmäßige Training der aufeinander abgestimmten Übungen führt über die immer tiefer gehende Entspannung bis zur Selbsthypnose und ermöglicht Ihnen die gezielte Veränderung des Tinnitus. Darüber hinaus wird Ihr Selbstwertgefühl verbessert.
Das vorliegende Buch geht mit seinen neuen Erkenntnissen und Erfahrungen in seinen detaillierten Anwendungen über meinen Ratgeber „Leben mit Ohrgeräuschen" hinaus. Diese psychologische Anleitung eignet sich mit ihren unterschiedlichen Strategien der Selbsthilfe somit auf besondere Weise zur eigenständigen Bewältigung der Ohrgeräusche.

Priv.-Doz. Dr. Sven Tönnies
Universität Hamburg

Einleitung

„Denn es bezaubert ihn der helle Gesang der Sirenen,
Die auf der Wiese sitzen, von aufgehäuftem Gebeine
Modernder Menschen umringt und ausgetrockneten Häuten
... Also steuerten wir den Sirenen vorüber und leiser,
immer leiser verhallte der Singenden Lied und Stimme.“
(Odyssee, Homer, 8. Jahrhundert vor Christus)

Odysseus, dessen hölzernes Pferd nach langen Kämpfen die Mauern Trojas einnahm, hatte auf seiner beschwerlichen Heimreise über das Meer viele Hindernisse zu bewältigen. So frohlockten die ihn vernichten wollenden Gesänge der hübschen Sirenen von einer Insel aus. Odysseus stellte sich mutig ihren Klängen und bewältigte sie, indem er sich an den Mast seines Schiffes binden ließ, während die Besatzung mit wachsverstopften Ohren die Insel der Sirenen umschiffte. Aus heutiger psychologischer Sicht könnte man diesen Teil der Odyssee auf folgende Weise betrachten: Mit hoher Selbstkontrolle und sozialer Unterstützung gelang es Odysseus die Gefahr durch die Sirenen als Herausforderung zu sehen, die es zu bewältigen galt. Eine scheinbar unumstößliche Hürde auf seiner Reise wurde somit durch geschickten Umgang mit Aufmerksamkeit, Körperbeherrschung, Selbsterkenntnis, klaren Zielvorstellungen und gesundem Optimismus überwunden.

Auch für viele Menschen mit Ohrgeräuschen (Tinnitus) mag der „helle Gesang“ vorerst unüberwindbar wirken. Der Tinnitus greift unmittelbar in das Leben ein und kann selbst alltäglichste Verrichtungen erschweren oder gar unmöglich erscheinen lassen. Ängste, depressive Reaktionen, Schlafstörungen, Erschöpfungszustände und weitere psychische Störungsbilder können entstehen. Die Ohrgeräusche sind oftmals Folgen „langer Kämpfe“ oder werden zumindest durch diesen Stress verstärkt.

Nach der vorrangig medizinischen Abklärung und Behandlung in der Akutphase des Tinnitus tritt die häufig schwierige psychische Überwindung dieses nicht selten chronischen Leidens in den Mittelpunkt. Wie Sie nun als Betroffene/r auf Ihrer Odyssee selbstständig wirksame psychologische Schritte zur Bewältigung des Tinnitus unternehmen können, möchte ich Ihnen in diesem Buch vermitteln. Auch interessierte Psychotherapeuten finden hier viele Anregungen zu erprobten tinnitusspezifischen Behandlungstechniken.

Die Grundlage für dieses Selbsthilfebuch bildet das ambulante Behandlungskonzept für Einzelpsychotherapie „Selbst-Management bei Tinnitus“. Das vorliegende Buch stellt Ihnen mit seiner Vielzahl an praktischen Hinweisen und leicht anwendbaren Übungen wichtige Aspekte dieses psychologischen Behandlungsverfahrens dar. In das „Selbst-Management bei Tinnitus" habe ich allgemein bewährte Verfahren aus der Verhaltensmedizin (= Anwendung der modernen Verhaltenstherapie in der Medizin) und Hypnosetherapie einfließen lassen. Diese konnte ich nach langjährigen gemeinsamen Erfahrungen mit vielen Tinnituspatienten in einer universitären Tinnitus-Ambulanz sowie in meiner Hamburger Praxis der Symptomatik entsprechend umgestalten und mit eigenen Herangehensweisen verbinden. Ich fühle mich hierbei für die intensive Unterstützung und Anregungen meiner Arbeit durch meinen Mentor Priv.-Doz. Dr. Sven Tönnies zu tiefem Dank verpflichtet. Des Weiteren bin ich dankbar für die kollegiale Hilfe von Prof. Dr. Detlef Collo, Dr. Tomas Svoboda, Dr. Gerhard Goebel und meinem Freund Dipl.-Psych. Steffen Böttcher. Nicht zuletzt fühle ich mich auch den zahlreichen Tinnituspatienten für ihre tatkräftige Mitarbeit, lebhaften Anregungen und große Geduld bei ihren Auskünften zur Wirksamkeit des „Selbst-Management bei Tinnitus" tief verbunden. Mit diesem Behandlungskonzept hege ich nicht den Anspruch, die einzig wahre Tinnitustherapie entwickelt zu haben. Ich verstehe das aus positiven Erfahrungen von akut und dauerhaft von Ohrgeräuschen geplagten Menschen entstandene „Selbst-Management bei Tinnitus" vielmehr als Fortsetzung der bestehenden Behandlungsansätze sowohl medizinischer als auch psychologischer Art. Literaturhinweise zu diesen Ansätzen finden Sie auf Seite 109.

Im ersten Teil dieses Trainingshandbuches zur Tinnitusbewältigung finden Sie einen bewusst kurz gehaltenen theoretischen Umriss des Themas (Kapitel „Stichwort Tinnitus"). Der zweite Teil ist dann der ausführlichere, praktische Teil (Kapitel „Selbst-Management bei Tinnitus"). Die theoretischen Sachverhalte sind zur leichteren Lesbarkeit stark vereinfacht dargestellt, was besonders dem konzentrationsgestörten, schwer betroffenen Leser entgegenkommen dürfte. Vor allem an den an praktischer Selbsthilfe interessierten Leser richtet sich dieses Buch. Theoretisch Interessierte seien daher auf die Literaturhinweise Seite 109 verwiesen.

Es werden nur wesentliche Aspekte, die für Sie für ein gewisses Grundverständnis und die Logik der vorliegenden Selbst-Management-Schritte nützlich sind, näher erläutert. Im praktischen Teil lernen Sie wichtige, psychologisch gezielt auf eine Verbesserung des Tinnitus und der allgemeinen Lebensqualität ausgerichtete Grundfertigkeiten und Verfahren selbstständig zu trainieren und wirksam anzuwenden (Abschnitte „Maßgeschneiderte Entspannung", Seite 46, „Selbsthypnosen zur gezielten Tinnitusveränderung", Seite 64, und „Die eigenen Ziele umsetzen lernen ...", Seite 98). Bei sehr schwerem Leidensdruck können hier allerdings nur die ersten Schritte der Bewältigung aufgezeigt werden. Eine notwendige Psychotherapie ist dann nicht ersetzbar.

In meinem Praxisalltag arbeite ich viel mit extrem durch ihre Ohrgeräusche geplagten Menschen zusammen und habe mit ihnen feststellen müssen, dass fast immer noch ganz andere Hintergrundprobleme zur Aufrechterhaltung des Leidens durch den Tinnitus beitragen. Sofern diese häufig unbewusst den Leidensdruck aufrechterhaltenden Zusammenhänge nicht erkannt und bearbeitet werden, kann eine dauerhafte Verbesserung der Ohrgeräusche und der allgemeinen Lebensqualität wohl kaum erreicht werden. Völlig unbewusst richten diese Betroffenen dabei ständig ihre Aufmerksamkeit auf den scheinbaren „Sündenbock" Tinnitus, was von den eigentlichen Problemen automatisch ablenkt und sie leichter verdrängen läßt. Die durch diese Probleme verursachten körperlichen Stressreaktionen bleiben daher aufrechterhalten und wirken sich dann noch zusätzlich schädlich auf die Ohrgeräusche aus. Im Abschnitt „Anregungen zur Selbstanalyse der Hintergründe" (Seite 89) haben Sie die Möglichkeit erste Bezugspunkte für eine diesbezügliche kreative Auseinandersetzung mit sich selbst zu gewinnen. Somit können Sie auslösende und aufrechterhaltende Bedingungen der eigenen Belastung durch die Ohrgeräusche erkennen und danach wirkungsvoller bewältigen. Die vorgestellten zahlreichen Übungen sind sehr kurz, aber klar und ausreichend für Ihre Anwendung beschrieben. Die „mundgerecht" vorbereiteten einzelnen Anleitungen laden Sie ein unverzüglich eigene praktische Erfahrungen mit diesen psychologischen Mitteln zu sammeln, um deren Wirkungsweisen selbst erlebbar zu machen. Denn durch die eigenen Erfahrungen mit den praktischen Anwendungen lernen Sie am besten, womit und wie Sie Ihre Gesundheit am wirkungsvollsten fördern. Dazu möge dieses Trainingshandbuch Ihnen eine „tatkräftige" Unterstützung bieten.

Stichwort Tinnitus

Was ist Tinnitus?

Definition

Die Ärzte oder Ärztinnen werden Ihnen mitgeteilt haben, dass Sie unter „Tinnitus“ leiden. Das Wort „Tinnitus“ leitet sich aus dem Lateinischen ab und bedeutet „Klingen, Geklingel“.
Es bezeichnet in der Fachsprache das, was im Volksmund Ohrensausen, Ohrgeklingel, Ohr- oder Kopfgeräusche genannt wird.
Tinnitus ist eine meist nur selbst und nicht von einer anderen Person wahrnehmbare belastende Erscheinung und beschreibt Geräusche im Ohr oder Kopf, die z. B. als Klingeln, Rauschen, Pfeifen, Surren, Knacken und/oder Sausen ohne äußere Schallquelle geschildert werden. In sehr vielen Fällen ist jedoch kein gesicherter körperlicher Befund feststellbar. Tinnitus ist keine Krankheit, sondern ein Anzeichen (Symptom) im Hörsystem für eine zu Grunde liegende Störung. Er ist vergleichbar mit dem Schmerz. Schmerz ist auch keine Krankheit, sondern nur ein Anzeichen für eine ursächliche Verletzung, Krankheit oder Ähnliches.

Diagnosen

Es kann zwischen „objektivem Tinnitus“ und „subjektivem Tinnitus“ unterschieden werden. Vom „objektiven Tinnitus“ spricht man, wenn das Ohrgeräusch mit einem Mikrofon aufzeichenbar, der Ton also auch für andere hörbar ist. Dies ist aber sehr selten und tritt meistens nur im Zusammenhang mit Mittelohrstörungen auf. Es handelt sich hierbei hauptsächlich um Knackgeräusche. Die meisten Betroffenen haben aber einen „subjektiven Tinnitus“, der in der Regel nur selbst hörbar ist und sehr unterschiedlich in seiner Tonart sein kann. Circa 95 Prozent der Menschen nehmen einen „physiologischen Tinnitus“ wahr, ein ganz geringes subjektives Geräusch, das nur gehört wird, wenn es extrem ruhig ist wie vielleicht nachts unter der Bettdecke. Es handelt sich wohl um „Betriebsgeräusche des Körpers“ wie zum Beispiel das vorbeipulsierende Blut in der Nähe des Innenohrs.
Es gibt die Diagnosen (Befunde) „akuter Tinnitus“, „chronischer Tinnitus“ und „chronischer komplexer Tinnitus“. Der „akute Tinnitus“ bezeichnet die Ohrgeräusche, die erst weniger als drei Monate bestehen. Leider besteht nur bei dieser Ohrgeräusch-Diagnose eine verhältnismäßig gute Chance einer vollständigen Genesung nach einer medizinischen Behandlung. Jedoch tritt auch diese Genesung schätzungsweise nur bei jedem vierten bis fünften Betroffenen ein.
Bei länger andauernden Ohrgeräuschen kann man schon vom „chronischen Tinnitus“ sprechen. Mit der Diagnose „chronischer komplexer Tinnitus“ ist die dauerhafte Tinnitus-

Bei einem „akuten Tinnitus“ besteht eine relativ gute Chance auf Heilung

form gemeint, die mit einer erheblichen, sogar im Vordergrund stehenden psychischen Problematik einhergeht. Je frühzeitiger eine medizinische und psychologische Diagnostik und Behandlung vorgenommen wird, desto leichter kann diesem gezielt entgegengewirkt werden.

Verbreitung

Nach Schätzungen der „Deutschen Tinnitus-Liga" gibt es in Deutschland etwa 1 Million Betroffene

Es wird angenommen, dass circa zehn Prozent der Bevölkerung von Industriestaaten Ohrgeräusche haben. Fast ein Prozent fühlt sich durch die Ohrgeräusche erheblich in wesentlichen Lebensbereichen beeinträchtigt. Für die Bundesrepublik Deutschland bedeutet dies, dass ungefähr 600 000 bis 800 000 Menschen an einem „chronischen komplexen Tinnitus" leiden. Die Selbsthilfeorganisation „Deutsche Tinnitus-Liga e.V." geht sogar von 1 Million Tinnitusbetroffenen aus, die ohne fachliche Hilfe unzureichend mit ihren Geräuschen zurechtkommen. Nach einer nicht allgemeingültigen Umfrage der Universität Hamburg bei Hals-, Nasen-, Ohrenärzten in Hamburg, Köln und München besuchten im Mittel 16 Tinnituspatienten pro Woche die jeweiligen Praxen.

Gefahr?

Weder die zu Grunde liegenden Ursachen noch die Folgen von Ohrgeräuschen sind in der Regel sehr gefährlich. Trotzdem sollte der Tinnitus frühzeitig ernst genommen werden und eine ärztliche Ausschlussdiagnostik und Akutbehandlung stattfinden. Das extrem seltene Akustikusneurinom (Geschwulst am Hörnerv) kann somit ausgeschlossen werden und wäre früh erkannt auch meistens gut zu operieren.
Die Akutbehandlung ist wichtig, damit die zeitlich befristeten Heilungschancen nicht vertan werden. Auch die Folgen des Tinnitus sind nicht direkt lebensgefährdend, so eingeschränkt die Lebensqualität zuerst auch sein mag. Zu Selbsttötungsabsichten kommt es zumeist nur in engem Zusammenhang mit anderen psychischen Störungen. Die Gefahr allein durch die Ohrgeräusche verrückt zu werden besteht nicht. Die Ohrgeräusche nehmen in nur sehr wenigen Fällen mit der Zeit zu, wie bei der Otosklerose (Verknöcherung der Gehörknöchelchen), die aber gut operierbar ist. In den meisten Fällen nehmen die Ohrgeräusche sogar im Laufe der Zeit zumindest in ihrem Belastungsgrad ab, was wohl an einem allgemeinen Gewöhnungsprozess, einer bewussten Lärmverringerung, einer gesünderen Lebensführung und einer verbesserten Lebensqualität liegt. Sollte dieses durch Ängste und depressive Reaktionen, die zu Antriebsschwäche, Schlaflosigkeit, sozialer Abkapselung, Vermeidungsverhalten und so weiter führen, verhindert sein, ist frühzeitig ein psychologischer Behandler mit einzubeziehen.

Wie höre ich?

Aufbau des Ohrs

Das Ohr besteht nicht nur aus der äußerlich sichtbaren Ohrmuschel, sondern aus drei Einheiten, die im Inneren des Schädels verborgen sind. (siehe Zeichnung unten):
1. Äußeres Ohr (Ohrmuschel, daran anschließend der Hörgang und das Trommelfell),
2. Mittelohr (knochenumgrenzter Hohlraum mit gelenkig miteinander verbundenen Knöchelchen: „Hammer", „Amboss" und „Steigbügel"),
3. Innenohr (Gleichgewichtsorgan mit seinen drei Bogengängen und eigentliches Hörorgan mit der spiralig gewundenen „Schnecke", der „Cochlea", die nicht größer ist als eine Kleinfingerspitze). Die „Schnecke" hat – stark vereinfacht ausgedrückt – ihre gesamte „aufgedrehte" Länge hindurch im Inneren ein Häutchen (= Basilarmembran), auf dem sich

❶ Reißner Membran
❷ Deckmembran
❸ Sinneshaare
❹ äußere Haarzellen
❺ innere Haarzellen
❻ Hensenzellen
❼ Basilarmembran
❽ Stützzellen
❾ Corti-Tunnel
❿ Pfeilerzellen
⓫ Nervenfasern
⓬ innere Spiralfurche
⓭ knöcherne Spirallamelle

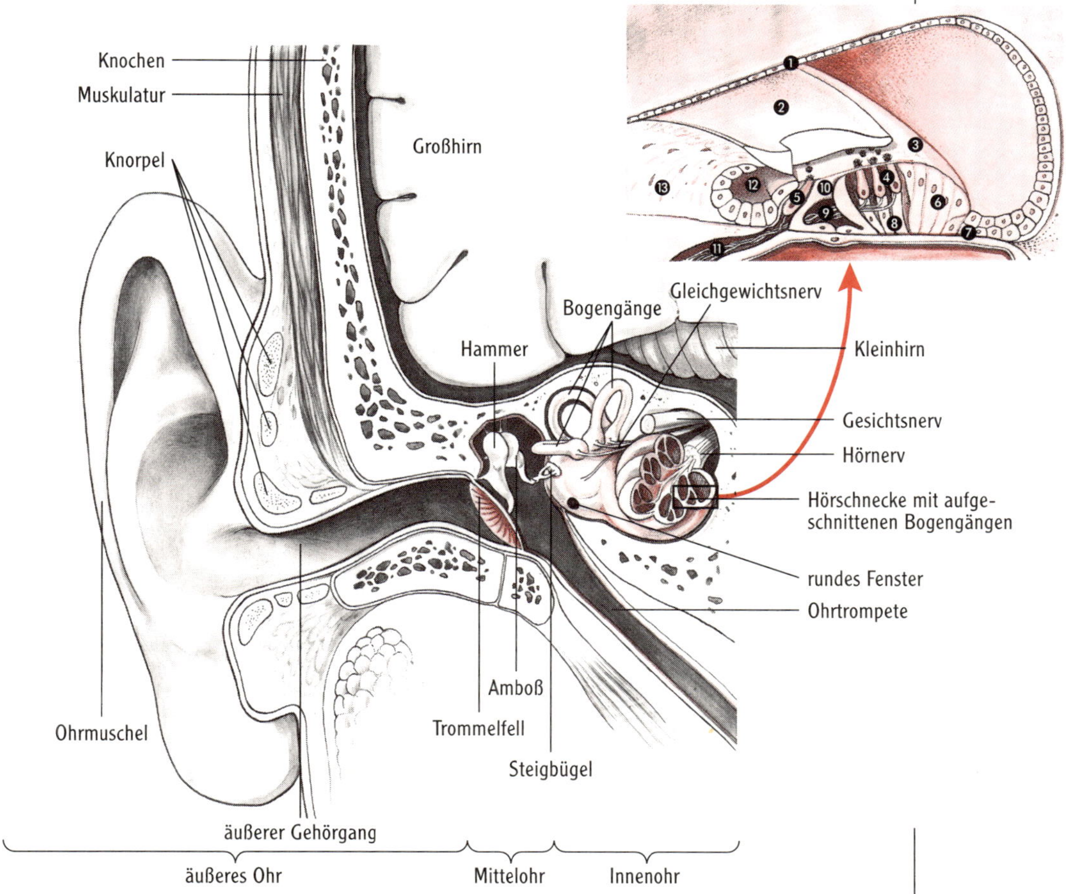

ca. 20 000 bis 25 000 Haarzellen befinden (siehe Ausschnittvergrößerung). Von diesen Härchen aus führen Nerven bis in Bereiche des Gehirns, die dann eigentlich erst das Gehörte wahrnehm- und erlebbar machen. Der Rest der Schnecke ist mit Lymphflüssigkeit ausgefüllt. Vor allem diese Flüssigkeit versorgt die Härchen mit Nahrung aus dem Blut. In anderen Bereichen des Körpers übernehmen Blutgefäße die Versorgung von Nervenzellen direkt. Hier im Innenohr aber würde das Pochen des Blutstroms in den Äderchen den empfindlichen Hörvorgang stören.

Hörvorgang

Die vom Ohr aufgenommenen Geräusche werden schließlich über den Hörnerv zum Gehirn geleitet

In unserem Körper gibt es sonst kaum noch ein so kleines Organ wie das Ohr, das gleichzeitig so viel kann. Die Ohrmuschel fängt zunächst Geräusche aus der Außenwelt als Schallwellen in der Luft auf, die dann im Gehörgang weitergeleitet werden. Dieser verdichtet die Wellen und lenkt sie auf das Trommelfell, eine zwischen äußerem Ohr und Mittelohr gespannte schwingungsfähige Haut. Die nun auf das Trommelfell auftreffenden Schallwellen versetzen es in Schwingungen. Diese Schwingungen wiederum werden durch die drei anliegenden Gehörknöchelchen mechanisch verstärkt und über ein „ovales Fenster" auf die Flüssigkeit im Inneren der Hörschnecke übertragen. So entsteht nun eine Druckwelle, die entlang der Schnecke verläuft und die Basilarmembran mit den Sinneshärchen auslenkt (siehe Abbildung Seite 13). Durch diese für jeden Ton unterschiedlichen charakteristischen Bewegungen des „Wellenschlagens" auf der Membran werden nur ganz bestimmte Haarzellen – je nach ihrer Ausrichtung und ihrem Ort auf der Membran – gereizt. Diese Haarzellen geben dann nicht mehr wie üblich ihren verschlüsselten elektrischen Nervenimpuls für „Stille" über die anliegenden Nerven, den anschließenden Hörnerv und weiter über zentrale Nervenbahnen an das Gehirn weiter. Durch diese Reizung senden sie stattdessen einen veränderten Code. Diese Impulse werden ebenso in das für Gefühle verantwortliche Mittelhirn und vor allem in die Hirnrindenbereiche des Hörzentrums übermittelt. Im Gehirn nun werden die Nervenimpulse emotional bewertet, entschlüsselt und dem Bewusstsein nicht mehr als „Stille", sondern als Töne, Geräusche oder Sprache verständlich gemacht. In weiteren Hirnbereichen werden diese akustischen Informationen teils bewusst, teils unbewusst verarbeitet.

Ursachen und Folgen

Welche körperlichen Ursachen gibt es?

Tinnitus stellt keine eigenständige Krankheit dar, sondern ist ein Anzeichen für eine Vielzahl jeweils möglicher Grunderkrankungen oder Funktionsstörungen. Zum einen können Erkrankungen des Mittel- oder Innenohrs als Ursache vorkommen, zum anderen können aber auch direkt oder indirekt die nervliche „Hörbahn" zwischen der Gehörschnecke und dem Hörzentrum im Gehirn oder andere Bereiche des Gehirns betroffen sein. Tinnitus kann unter anderem im Zusammenhang mit folgenden Erkrankungen entstehen:

- Hörsturz (vermutlich Durchblutungsstörungen im Innenohr)
- Lärmschädigung, Knalltrauma (Schädigung der Härchen in der Hörschnecke durch langanhaltende oder schockartige extrem laute Lärmbelastung)
- Morbus Menière (gleichzeitiges Auftreten von Drehschwindel, Hörverlust und Tinnitus)
- Otosklerose (eine Krankheit, bei der ein Gehörknöchelchen am ovalen Fenster durch Verknöcherung in seiner Beweglichkeit eingeschränkt ist)
- Mittelohrentzündung
- Virusinfektionen
- Kiefergelenksaffektionen (Fehlstellung der Kiefergelenke; unbemerktes nächtliches Zähneknirschen)
- funktionelle Störungen der Halswirbelsäule (beispielsweise bei dauerhafter Schulter-Nacken-Verspannung etwa durch Fehlhaltung oder Stress)
- Schädelhirntrauma (beispielsweise nach Auffahrunfall)
- Altersschwerhörigkeit (durch Alterungsprozesse)
- Herz-Kreislauf-Krankheiten (z. B. Bluthochdruck)
- Vergiftungen
- Stoffwechselkrankheiten (z. B. Zuckerkrankheit)
- Erkrankungen des Gehirns und des Rückenmarks

  und in extrem seltenen Fällen bei Hirntumoren, die aber leicht diagnostisch ausgeschlossen werden können.

Die Ursachen der Ohrgeräusche lassen sich jedoch nur selten eindeutig feststellen. Es werden allenfalls Verdachtsdiagnosen gestellt. Auf Grund der Vielzahl von möglichen Ursachen ist es aber wichtig zu wissen, dass nicht ein „Tinnitusspezialist" oder ein HNO-Arzt ausreicht um die Ursachen zu erforschen. Es ist jedoch immer günstig einen einfühlsamen Hausarzt zu haben, der die weiterführenden Diagnostik- und Behandlungsschritte bei anderen Fachleuten (Orthopäde, Zahnarzt, Internist, Nervenarzt, Psychologe, Hörgeräteakustiker, Krankengymnast und so weiter) organisiert und einleitet.

Die Ursachen des Tinnitus sind äußerst vielschichtig

Welche problematischen Folgen kann es geben?

Die Belastung der von Ohrgeräuschen betroffenen Menschen kann sich auf die gesamte psychische Befindlichkeit auswirken und erfasst häufig auch das Miteinander in Familie, Freundes- und Kollegenkreis. Beim „chronischen komplexen Tinnitus“ handelt es sich um ein Merkmalsgefüge (= Komplex), das unter anderem zur starken persönlichen Abkapselung, zu verstärkten Ängsten, zu Schlaf-, Entspannungs- und Konzentrationsschwierigkeiten, zur Arbeitsunfähigkeit, zur Depression und im Zusammenhang damit sogar zu Selbsttötungsabsichten führen kann. Um nahe stehenden Personen, die vielleicht mit Unverständnis reagieren, warum man unter Tinnitus leiden kann, die Tinnitusauswirkungen verständlich zu machen, können nachgemachte Ohrgeräusche (Synthesizersimulationen) telefonisch von der Deutschen Tinnitus-Liga e.V. abgehört werden (Telefonnummern: 02 02 / 1 97 01 oder 0 30 / 1 94 31).

Behandlungsformen

Medizinisch-physiologische Behandlungsformen

Wenn das Ohrgeräusch erstmals auftritt, wird es von vielen Menschen nicht ernst genommen. Ohrgeräusche sind anfangs ein Alarmsignal, ähnlich wie der Schmerz. Wenn man Schmerzen spürt, ist es üblich zum Arzt zu gehen. Bei Ohrgeräuschen dauert es häufig sehr lange, bis man zum Arzt geht, weil die meisten Menschen wenig darüber informiert sind. Aber gerade in der ersten Zeit ist es äußerst sinnvoll ärztliche Behandlungsschritte einzuleiten oder zumindest eine Krankschreibung zu erwirken.
Das gängigste ärztliche Vorgehen nach der eingehenden Diagnostik (Elektro-Encephalogramm, Kernspin-Tomographie, evozierte Potentiale, Doppler-Sonographie, um nur einige zu nennen) ist unter anderem die Behandlung durch:

- durchblutungsfördernde Mittel zum Einnehmen und Infusionstherapien (Tropf). Sie werden oft als erste Therapie nach einem dem Tinnitus häufiger vorausgehenden Hörsturz eingesetzt, aber auch, wenn keine Ursachen gefunden wurden.
- neuerdings auch die Hyperbare Sauerstofftherapie (erhöhte Sauerstoffzufuhr in einer Überdruckkammer bis zur 900-prozentigen Sauerstoffsättigung im Blut)
- Beruhigungsmittel
- örtliche Betäubungsmittel, zum Beispiel im Hals und auch im Ohrenbereich
- Medikamente zur Muskelentspannung

- Antidepressiva, das heißt Medikamente zum Vermindern von depressiven Zuständen usw.

Weitere Behandlungsansätze beim chronischen Tinnitus sind:

- Hörgeräte; sie verstärken die normalen Außengeräusche und übertönen den Tinnitus.
- Tinnitus-Masker; das sind den Tinnitus überdeckende Rauschgeneratoren hinter den Ohren.
- Physiotherapie, z. B. Krankengymnastik, Manualtherapie oder Chiropraktik (eine Art „Einrenken") bei einem ursächlichen Halswirbelsäulensyndrom und so weiter.

In seltenen Fällen können auch operative Maßnahmen insbesondere bei einem Akustikusneurinom oder bei Otosklerose helfen. Allerdings ist eine Hörnervdurchtrennung fast immer aussichtslos, weil sich der Tinnitus im Gehirn „verselbstständigt" hat, selbst wenn er im Ohr entstanden sein sollte. Hier verhält es sich ähnlich wie beim Phantomschmerz. Auch ein amputiertes Bein kann schmerzen. Was kann medizinisch erreicht werden? Sehr viele der ärztlich praktizierten Behandlungsformen unterdrücken leider – wenn überhaupt – meistens nur kurzzeitig den Tinnitus. Wie eingangs erwähnt ist die Chance für eine vollständige Genesung nach einer Behandlung gering und besteht zumeist nur beim akuten Tinnitus, also in den ersten Wochen oder Monaten nach dem Auftreten. Empfehlenswert ist nach heutigem Wissensstand vor allem die sofortige Infusionsbehandlung im Krankenhaus und die hyperbare Sauerstofftherapie. Fachkundige Ärzte empfehlen beim ersten Auftreten von Ohrgeräuschen ebenso wie beim Hörsturz die sofortige durchblutungsfördernde Infusionsbehandlung und neuerdings auch die hyperbare Sauerstofftherapie. Dabei bleibt noch zu bedenken, dass die Auswirkungen dieser Infusionstherapie bei ungefähr jedem zweiten Patienten bereits durch eine psychologische Wirkung eintreten: dem „Placebo-Effekt" (d. h. eine Scheinwirkung des Medikamentes durch die Selbstheilungskräfte des Patienten). Wahrscheinlich ist sogar davon auszugehen, dass generell nicht die Medikation die Tinnitus-, Hörsturz- oder Schwindelgenesung entstehen lassen, sondern der „Milieuwechsel", das heißt, dass der Betroffene aus seinem stressenden Arbeits- und Familienumfeld genommen wird und für 10 bis 14 Tage im Krankenhaus in die Krankenrolle schlüpft, wo keine Ansprüche an ihn gestellt werden und er sich erholen kann. Eine andere Alternative wird in den USA praktiziert, indem man Betroffene für zwei Wochen mit gutem Erfolg in den Urlaub schickt. Allgemein ist zudem davon auszugehen, dass ein ursächlicher Hörsturz auch ohne Behandlung in über 60 Prozent spontan heilt. Es ist dennoch in jedem Falle wichtig, die anerkannten medizinischen Diagnose- und Behandlungsverfahren anzuwenden, auch wenn nicht in jedem Fall ein direkter Erfolg erzielt werden kann. So können einerseits schwer wiegende Ursachen erkannt und ausgeschlossen werden und zum anderen

Ein kurzzeitiger Krankenhausaufenthalt hilft, den Alltagsstress abzubauen

müssen sich die Betroffenen später keine Vorwürfe machen, in der Behandlung etwas versäumt zu haben. Für die chronischen Tinnituspatienten reichen die körpermedizinischen Behandlungsformen in sehr vielen Fällen nicht aus. Viele ärztlich und psychologisch fachkundige Therapeuten bestätigen dieses und verweisen auf die in letzter Zeit für die Tinnitustherapie entwickelte psychologische Behandlung und die Bewältigungsmöglichkeiten.

Naturheilkunde und weitere Alternativmedizin

Auf der Suche nach lang ersehnter Heilung werden auch häufig alternativmedizinische bzw. andere naturheilkundliche Methoden ausprobiert, die hier nur vollständigkeitshalber Erwähnung finden sollen. Zu nennen wären unter anderem Akupunktur, Homöopathie, Laser-Ginkgo-Therapie, Fußreflexzonenmassage, Akupressur, Sauerstoffmehrschritt-Therapie nach Ardenne, Ozon-Sauerstofftherapie, hämatogene Oxidationstherapie, intravenöse Sauerstofftherapie, Kinesiologie, Bioresonanztherapie, Phytotherapie; Klangtherapien, Regeneresen, Amalgam/Quecksilber-Ausspülung, Ernährungsumstellung, Johanniskrautinfusionen und Schlafmohn. Anerkannte wissenschaftliche Erkenntnisse bezüglich der Wirksamkeit in der Tinnitustherapie gibt es hier noch nicht. Allerdings können diese Methoden bei einer individuellen Behandlung eines Ohrgeräuschbetroffenen für eine allgemeine Verbesserung des Gesundheitszustands sorgen und damit günstige Auswirkungen sowohl auf das Allgemeinbefinden als auch hierdurch auf die verbesserte Akzeptanz des Tinnitus haben. Einen generellen Rat kann ich hier nicht geben. Wichtig ist darauf zu achten, dass der Behandler kompetent und verantwortungsbewusst ist. Leider haben viele meiner Patienten auf ihrer „Odyssee der Hilfesuche“ die Erfahrung machen müssen, dass unseriöse und teure Heilsversprechen bezüglich der Ohrgeräusche gemacht wurden. Wenn dann die „aufgeflammte“ neue Hoffnung „erlischt“, ist das folgende seelische Tief stärker.

Alternativmedizinische Methoden können bei einer individuellen Behandlung zu einer allgemeinen Verbesserung des Befindens beitragen

Ich empfehle jedem mit nicht zu großen Heilserwartungen an die Behandlungsmethoden heranzugehen, damit man nicht wiederholt enttäuscht wird. Es ist sinnvoll nur in den ersten drei oder höchstens sechs Monaten die unterschiedlichsten Ansätze auszuprobieren, dann sollte dieser „diagnostisch-therapeutische Tourismus“, der verständlicherweise bei den meisten von chronischen Störungen betroffenen Menschen auftritt, jedoch beendet sein. Werden erwiesenermaßen wirksame Behandlungsmethoden entdeckt, würden Sie sicher kompetent von der Deutschen Tinnitus-Liga darüber informiert werden.

Psychologische Ansätze

Häufig dauert es Jahre (bisher durchschnittlich 8 Jahre!), bis auf psychosomatische Anteile des komplexen chronischen Tinnitus aus ärztlicher Sicht überhaupt erst hingewiesen wird. Allerdings haben betroffene Menschen auch des Öfteren eine Hemmschwelle, einen psychologischen oder ärztlichen Psychotherapeuten aufzusuchen.

Dabei haben meine Mitarbeiter und ich in einer eigenen laufenden Studie in einer HNO-Abteilung eines Hamburger Krankenhauses festgestellt, dass schon während der medizinischen Akutbehandlung psychologische Unterstützung als hilfreich sowohl für die Betroffenen als auch für die behandelnden Ärzte erlebt wird.

Die Behandlung von Tinnitus besteht bei schweren und chronischen Formen in einer Kombination medizinischer und psychologischer Therapie. Nach den wesentlichen diagnostischen und medizinisch-therapeutischen Maßnahmen sollte bei Misserfolg bzw. gebliebenem Leidensdruck die Behandlung zunehmend ganzheitlich ausgerichtet werden. Dabei muss der Patient eigenverantwortlich in das praktische psychologische Vorgehen einbezogen werden und lernen Einfluss auf seinen Tinnitus zu gewinnen und zu seiner Lebensqualität (zurück?!) zu finden.

Im Allgemeinen bedeutet „Psychotherapie“ allerdings nicht die ausschließliche Behandlung der Psyche, sondern sie übt ebenso positive Einflüsse direkt auf körperliche Vorgänge aus. Das heißt im Besonderen für die Tinnitus-Betroffenen, dass sie zum einen mit psychologischen Mitteln die Krankheitsbewältigung oder zumindest ein selbstverantwortlicheres aktives Bewältigungsbestreben erreichen können.

So ist es beispielsweise für einige wichtig zu lernen, Ablenkungsstrategien zu entwickeln oder ihre Ängste und depressiven Reaktionen infolge des Tinnitusauftretens abzubauen. Zum anderen können sie mit psychologischen Mitteln aber auch sehr wirksame und direkt auf das Krankheitsgeschehen oder das Symptom bezogene Effekte erreichen. Mit Entspannungsverfahren und Selbsthypnosen kann genesender Einfluss auf die Durchblutung, Muskeln, Nerven oder Immunabwehr erreicht werden. Oft wird durch die beginnenden erfolgreichen Behandlungsschritte in der Psychotherapie von den Betroffenen erstmals wieder das Gefühl der eigenen Kontrolle über sich und die Ohrgeräusche erlebt. Denn sowohl die Einschätzung des Erlebens (Grad der Belastung) als auch der Wahrnehmung (Grad der Lautheit) der Ohrgeräusche sind in starkem Maße von der Psyche beeinflussbar.

Eine Psychotherapie hat durchaus auch positive Effekte auf den Körper

Die Psyche

Was kann der „Seelen-klempner" schon tun?!

Viele Menschen mit Ohrgeräuschen sind erst einmal verwundert, wenn sie hören, man könne psychisch etwas Positives an den Ohrgeräuschen ausrichten. Sie haben eine reine althergebrachte, schulmedizinische Krankheitsvorstellung, die besagt, dass in ihrer Maschine „Körper" ein Defekt sei, der repariert werden müsse. Die Psyche sei etwas davon Getrenntes. Nach vielen Enttäuschungen in unterschiedlichsten Werkstätten probieren einige letztendlich doch einmal voller Skepsis den „Seelenklempner" aus und sind häufig überrascht von den Veränderungen.

Belastende negative Gefühle und chronische Konflikte können zur Verschlechterung des Tinnitus beitragen

Forschungsberichten zufolge sind nämlich psychische Zusammenhänge bezüglich des Tinnitus und seiner Grunderkrankungen von großer Bedeutung. So sind beispielsweise belastende gedankliche und gefühlsmäßige Beeinflussungen, damit zusammenhängende allgemeine körperliche und seelische Daueranspannungen, nicht verarbeitete Lebenserfahrungen und chronische Konflikte zumindest bei der Aufrechterhaltung des Tinnitus und dessen Verschlechterung beteiligt.

Der Tinnitus ist zum einen durch eine Vergleichsmessung beschreibbar in seiner Tonhöhe (Tonqualität) und Tonlautheit (Tonintensität). Zudem kann angegeben werden, ob ein Tonrhythmus vorliegt und ob der Ton ununterbrochen ist oder nicht. Psychologisch spricht man hier von der Tinnituswahrnehmung. Zum anderen kann der Tinnitus im Grad der Belastung für den betroffenen Menschen beschrieben werden, ob der Ton quälend oder in akzeptierbaren Maß vorhanden ist. Psychologisch spricht man hier von dem Tinnituserleben. Da es sich zumeist um einen subjektiven Tinnitus handelt, heißt das, dass alle diese Einschätzungen einzig und allein von der betroffenen Person selbst vorgenommen werden können. Die Einschätzung des Erlebens, aber auch der Wahrnehmung der Ohrgeräusche sind von psychischen Gegebenheiten abhängig. Vielleicht kennen sie, dass die bekannte „Fliege an der Wand" besonders dann stört, wenn man genervt, gestresst oder müde ist. Man möchte dieses „riesengroße Vieh" am liebsten sofort totschlagen. Wenn man allerdings am Sonntagmorgen ausgeschlafen ist, gemütlich seinen Kaffee und das Marmeladenbrötchen genießt, dann stört dieses „Fliegchen an der Wand" überhaupt nicht mehr und man beachtet es gar nicht weiter. Beim Schmerz verhält sich das ähnlich. Bei vorliegender körperlicher Verletzung oder anderer Grunderkrankung kann durch psychische Belastungen der Schmerz verstärkt werden. Beispielsweise werden Schmerzen größer, wenn man sich beim „Nagel-in-die-Wand-Hauen" auf den Daumen schlägt – und dann der Partner auch noch „dumme Sprüche" von sich gibt. Ein ernsteres Beispiel mögen Kopfschmerzen darstellen, die sich vielleicht verstärken, wenn man Angst hat seine Arbeit nicht rechtzeitig zu schaffen. Umgekehrt wird der beim Sturz gestoßene Ellenbogen kaum wahrgenommen, wenn man seine neuen Schlittschuhe ausprobiert.

Psychische Anteile werden bei Problemen im Umgang mit Stress sogar vorrangig als eine Tinnitus-Ursache angenommen. Da häufig eine ungünstige Stressbewältigung bei den Betroffenen vorliegt, ist es sehr wichtig, ein weitgefaßtes „Anti-Stress-Training" in die Therapie miteinzubeziehen. Denn Stress führt allgemein zu körperlichen Fehlfunktionen, wie beispielsweise Kieferverspannungen, Nackenverspannungen oder hohem Blutdruck. Diese wiederum führen zu den unterschiedlichsten psychosomatischen Erkrankungen, wie dem Halswirbelsäulensyndrom, nächtlichem Zähneknirschen oder dem Hörsturz. Tinnitus kann nun als Krankheitsanzeichen oder -auswirkung für diese und andere Erkrankungen auftreten. Ebenso ist Stress als Auslöser des Tinnitus bei einer „ruhenden", nicht bemerkten Vorschädigung – beispielsweise des Innenohrs infolge von Fehlentwicklungen, Infektionskrankheiten in der Kindheit oder häufiger Lärmeinwirkung – denkbar. So kann man sich bildlich ein intakt vom Montageband fahrendes „Montagsauto" vorstellen, das eine „Schwachstelle" an der Achse hat. Bei durchschnittlichem Gebrauch funktioniert das Gefährt tadellos. Erst nach Dauerbelastung auf der Autobahn, wo der Wagen einmal voll ausgefahren wird oder wo von Hamburg bis München mit Vollgas durchgefahren wird, bricht die Schwachstelle durch und es entstehen vielleicht noch Folgeschäden.

Einen besonderen Persönlichkeitstyp, der zu Tinnitus führt, gibt es nicht. Die Behauptung, es gäbe eine „Tinnituspersönlichkeit", ist wissenschaftlich nicht nachgewiesen und wäre auch durch den etikettierenden und Schuld zuweisenden Charakter nicht gerade nützlich für die betroffenen Menschen.

Psychische Begleitstörungen

In der Psychotherapie gilt es, bei bestehendem Tinnitus insbesondere auch die gravierenden psychischen Begleitstörungen zu verhindern oder zu behandeln. Eine 1992 in Deutschland durchgeführte psychologische Untersuchung ergab, dass bei 96 Prozent der Patienten mit der Diagnose „chronischer komplexer Tinnitus" mindestens eine vorbestehende oder aber folgende aktuelle regelrechte psychische Störung vorliegt. 85 Prozent litten im weitesten Sinne unter einer Depression, gefolgt von Angststörungen (31 Prozent) und Störungen durch die Einnahme von Drogen im weitesten Sinne (23 Prozent). Allerdings stellte man fest, dass circa die Hälfte der Diagnosen schon vor dem Auftreten des Tinnitus bestanden und zur Entstehung der Ohrgeräusche

Bei Patienten, die unter einem „chronischen komplexen Tinnitus leiden, liegt oft eine psychische Störung vor

beitrugen und die weitere Hälfte als Reaktion auf den Tinnitus beziehungsweise als dessen Folgeerscheinung aufzufassen ist.
Diese Untersuchung bestätigt zwei Studien aus England und den USA aus den 80er Jahren. Die eine Untersuchung gibt jedoch an, dass 70 Prozent der Personen im ersten Jahr ihrer Depression den Tinnitus ausbildeten und nur 30 Prozent eine depressive Reaktion nach dem Auftreten der Ohrgeräusche aufwiesen. Meine Erfahrung aus der Praxis zeigt, dass häufig Betroffene ausschließlich über den Tinnitus klagen und bekunden, andere vorbestehende Probleme gäbe es überhaupt nicht. „Wenn nur das Geräusch nicht wäre, wäre ich der glücklichste Mensch der Welt!", bekomme ich sehr oft zu hören. Woran liegt das? Bekommen nur glückliche Leute einen Tinnitus oder werden die Probleme oder die belastenden Gefühle vielleicht gar nicht erst wahrgenommen oder sogar ignoriert? Dies mag sich vielleicht für den einen oder anderen schwer vom Ohrgeräusch betroffenen Leser provokant anhören. Aber möglicherweise können Sie gerade hierdurch beginnen, dem Tinnitus mehr oder weniger einen Sinn abzugewinnen. Er veranlasst Sie sich nun mehr mit sich selbst, den Gedanken, Gefühlen, der Biographie, dem Lebensstil oder dem menschlichen Miteinander auseinander zu setzen. Er wird unter Umständen sogar zum Auslöser für ein bewussteres und erfüllteres Leben. Früher oder später können die allermeisten Patienten diesem häufig ständigen Begleiter auch positive Seiten abgewinnen und ihn durch diese veränderte Einstellung mehr akzeptieren. Einige Betroffene sprechen am Ende einer Psychotherapie sogar von einem bewussteren und erfüllenderen Leben mit dem Tinnitus als vor dem Tinnitus. Sie können gespannt sein, wann es auch bei Ihnen geschieht.

Eine auftretende Tinnituserkrankung kann der Auslöser sein, sein Leben neu zu überdenken

Ein Grund, warum die Hintergrundprobleme nicht wahr- oder ernst genommen werden, ist sicherlich ein Informationsmangel. Die Begriffe „Stress", „Depression" und „Angst" sind sicherlich allen geläufig. Woran macht man sie aber fest? Dem allgemeinem Thema Stress habe ich im Folgenden eigene Abschnitte gewidmet. Woran Sie eine Depression, Angst- oder bestimmte Stressstörungen erkennen können, wird nun beschrieben. Die folgenden Merkmalslisten sollen Sie jedoch nicht verleiten Selbstdiagnosen zu stellen, sondern Ihnen nur Anregungen in der Eigenwahrnehmung liefern. Selbstverständlich erfüllen die meisten Menschen den einen oder anderen Aspekt dieser Diagnosenrichtlinie. Es kommt einschränkend für eine regelrechte Diagnosestellung dabei natürlich auf die Anzahl und Stärke der vorkommenden Merkmale an. Treten diese gehäuft auf, wäre es sicherlich vorteilhaft, sich für eine gezielte fachmännische Diagnostik an einen Psychologen oder Facharzt zu wenden.

Depression

Allgemeine Symptome von Depression können sein (wenn sie mindestens zwei Wochen bestehen):

- gedrückte Stimmung (auch nur Morgentief)
- Interessenverlust
- Freudlosigkeit
- Verminderung des Antriebs (höhere Ermüdbarkeit, Aktivitätseinschränkung)
- verminderte Konzentration und Aufmerksamkeit
- vermindertes Selbstwertgefühl und Selbstvertrauen
- Schuldgefühle und Gefühle allgemeiner Wertlosigkeit
- negative und pessimistische Zukunftsperspektiven
- negative Sicht über die aktuelle allgemeine Umwelt
- Gedanken an oder erfolgte Selbstverletzung oder Selbsttötungsversuche
- Schlafstörung (frühmorgendliches Erwachen, Ein- und Durchschlafstörungen)
- verminderter Appetit mit Gewichtsverlust
- vermindertes sexuelles Verlangen
- zeitweilig kann auch Angst, Gequältsein und körperliche Unruhe im Vordergrund stehen
- Grübeln
- Reizbarkeit.

Für die Diagnose „Depression" sind die ersten drei Symptome besonders ausschlaggebend.

Angststörung

Bei einem nicht unerheblichen Anteil der Tinnitusbetroffenen entstehen ängstliche Symptome nach dem Tinnitusauftreten zum Beispiel durch lang anhaltende Vermeidung akustisch unangenehmer Situationen. Wenn sie mehrere Wochen bestehen, können allgemeine Symptome von ausgeprägten Angststörungen sein:

- Befürchtungen, Sorgen, negative Vorahnungen, ständige Nervosität und Konzentrationsschwierigkeiten
- erhöhte Muskeldaueranspannung mit körperlicher Unruhe, Spannungskopfschmerz, Zittern oder Unfähigkeit sich zu entspannen
- Übererregbarkeit des autonomen Nervensystems mit Benommenheit, Schwitzen, Mundtrockenheit, Oberbauchbeschwerden, Schwindelgefühlen, Herzklopfen, beschleunigter Flachatmung
- Gefühl von Unbehagen bis Angst
- Schwächegefühl
- Panikgefühl
- Vermeidungsverhalten, wenn sich die Angst auf ein Objekt oder eine Situation richtet.

Chronische Ohrgeräusche können bei den Betroffenen ausgeprägte Ängste auslösen

Drogenmissbrauch

Ferner liegen auch Drogenprobleme (Schlaf- und Beruhigungstabletten, Alkohol und so weiter) vor, die wohl infolge eines Tinnitus als ungünstige Versuche betrachtet werden können, den Körper zu entspannen, geistig abzuschalten und für Genuss zu sorgen. Es können natürlich auch körperliche Folgeschäden der Sucht ursächlich zu Ohrgeräuschen geführt haben.

Stressstörungen

Ängste und Depressionen können auch gemeinsam vorkommen, unter anderem in einer Anpassungsstörung. Hier handelt es sich um einen psychischen Zustand von subjektivem Leid

Sich an eine völlig neue Lebenssituation zu gewöhnen, kann mitunter schwer fallen

und emotionaler Beeinträchtigung, der mitmenschliche Aufgaben und Leistungsvollbringung behindert und während des Anpassungsprozesses, zum Beispiel nach einer schweren körperlichen Erkrankung oder nach einem Tinnitus, auftreten kann. Allgemeine Symptome von Anpassungsstörungen können sein:

- depressive Stimmung
- Ängste
- Besorgnis
- Gefühl unmöglich zurechtzukommen, vorauszuplanen oder in der gegenwärtigen Situation fortzufahren
- gewisse Einschränkung bei der Bewältigung der täglichen Routine
- Gefühl zu dramatischem Verhalten oder zu Gewaltausbrüchen zu neigen, wozu es aber selten kommt.

An dieser Stelle möchte ich noch auf ein in der Tinnitusforschung unbeachtetes Störungsgebiet hinweisen, das meiner Erfahrung nach bei einem Großteil der chronisch von Tinnitus, Hörstürzen (bei Wiederholungsfällen) und/oder Schmerzen betroffenen Menschen vorzukommen scheint, die überhaupt nicht auf Entspannung und andere Symptome reduzierende Anwendungen ansprechen: die posttraumatische Belastungsstörung und besonders deren chronische Verlaufsform. Diese Stressstörung entsteht verzögert Wochen oder bis zu sechs Monate nach dem Erlebnis eines Traumas.
Ein Trauma ist ein Erlebnis außerhalb des Rahmens normaler menschlicher Erfahrungen und für fast jeden Menschen seelisch sehr belastend und qualvoll. Traumaerfahrungen können sexueller Missbrauch oder gewalttätige Angriffe von Fremden oder Bezugspersonen sowie Katastrophen durch Naturereignisse oder Menschen sein. Diese Ereignisse bedrohen die körperliche Unversehrtheit oder sogar das Leben des Menschen oder ihm nahe stehender Personen.
Der Mensch erlebt sich als Opfer eines schrecklichen und unfassbaren Ereignisses, dem er völlig hilflos ausgeliefert ist. Typische Symptome der posttraumatischen Belastungsstörung sind:

- wiederholtes Erleben des Traumas in sich aufdrängenden Erinnerungen (Träume, blitzartige Tagträume)
- dauerhaftes Gefühl von Betäubung, emotionaler Stumpfheit oder Gleichgültigkeit anderen Menschen gegenüber
- Vermeidung von Situationen, die an das Trauma erinnern
- innerliches Abspalten von den Gefühlen
- nervliche Übererregung, Überwachheit, übermäßige Schreckhaftigkeit und Schlafstörungen
- Angst und Depression
- Drogenmissbrauch.

Bei chronischem Verlauf, wenn die posttraumatische Belastungsstörung mindestens zwei Jahre besteht, treten folgende Symptome auf:

- misstrauische oder sogar feindliche Haltung der Welt gegenüber
- zwischenmenschliche Abkapselung
- Gefühle von Leere, Hoffnungslosigkeit, Nervosität, Bedrohtsein und Entfremdung

- unflexibles, unangepasstes Verhalten, das zu Beeinträchtigungen in den zwischenmenschlichen und beruflichen Beziehungen führt.

Bei sexuellem Missbrauch – wenn er lange zurückliegt – besteht häufig eine langanhaltende Amnesie (Gedächtnislücke), oft über viele Jahre oder fast die gesamte Kindheit. Die Erinnerung kommt manchmal erst nach Jahrzehnten oder erst innerhalb einer Psychotherapie zutage. Unbewusst werden bei diesem Störungsbild durch ein hohes nervliches Erregungsniveau und damit verbundene Daueranspannung belastende Gefühle und Erinnerungen unterdrückt. Sind diese oder andere Traumata bekannt, werden sie häufig nach langer Zeit durch die gefühlsmäßige Abspaltung als unwesentlich in der eigenen Biographie bewertet. Zudem wird eine therapeutische Aufarbeitung dadurch erschwert, dass eine Auseinandersetzung mit diesen Themen sowohl zum Großteil seitens der Patienten als auch der deutschen Forschung und deutscher Psychotherapeuten außerordentlich vermieden wird und das nicht zuletzt, weil die Medien das „Modethema Trauma" reißerisch übertrieben haben.
Die traumatisch betroffenen Tinnitus-Patienten gewinnen infolge der therapeutischen Verarbeitung des Traumas neben der erhöhten Selbstkontrolle auch – unter anderem durch die wiedergewonnene Fähigkeit zur Entspannung – eine vermehrte Beeinflussbarkeit des Tinnitus. Es sollte also in der Psychodiagnostik und -therapie des komplexen chronischen Tinnitus unter allen anderen Aspekten auch die Möglichkeit einer ursächlichen psychischen Traumatisierung in Betracht gezogen werden.
Tinnitus kann auch nach weniger extremen „einschneidenden Lebensereignissen", die aber innerhalb des Rahmens normaler menschlicher Erfahrung liegen, binnen eines halben Jahres bis zwei Jahren als Stressfolge bei ungenügender psychischer Verarbeitung oder Widerstandskraft auftreten. Also handelt es sich hier um eine Art Anpassungsstörung, die Tinnitus zur Folge hat. Es kann sich um eines der erstgenannten oder um mehrere der folgenden Ereignisse der Liste drehen. Die ausgeprägtesten dieser „life-events" sind:

- Tod eines Lebenspartners
- Trennung/Scheidung vom Lebenspartner
- Tod eines nahen Verwandten
- schwere Krankheit oder Unfall
- Verlust des Arbeitsplatzes
- sogar Heirat
- Eintritt in den Ruhestand
- Krankheit eines Familienangehörigen
- Schwangerschaft oder Geburt eines Kindes
- bedeutende Veränderung der beruflichen oder privaten Situation
- neuer Arbeitsplatz
- höhere Schulden
- Ärger mit Familienangehörigen
- Schuleintritt oder -abschluss
- Umzug
- Veränderungen oder Ärger am Arbeitsplatz und Ähnliches mehr.

Sowohl nach negativen als auch nach positiven Ereignissen kann ein Tinnitus erstmalig auftreten

Was ist Stress?

Dieser Abschnitt gibt Ihnen Einblicke in die psychischen Zusammenhänge von Stress und körperlichen Folgeerscheinungen. Zudem erhalten Sie hier erste Anregungen für eine gesündere Stressbewältigung.

Stress und die körperlichen Auswirkungen

Viele Menschen meinen, Stress entstünde ausschließlich dann, wenn sie viel Arbeit auf dem Schreibtisch liegen hätten, im Stau steckten, Streit mit dem Nachbarn hätten oder ihnen der Bus vor der Nase wegführe. „Stress" ist das englische Wort für „Belastung". Allgemein spricht man in der Psychologie immer dann von Stress, wenn ein Organismus an eine neue Situation Anpassungsleistungen vollbringen muss.
Vereinfacht ausgedrückt könnte man besser sagen, man hat immer dann Stress, wenn man belastende Gefühle erlebt.

Stress entsteht nicht nur durch äußere Belastungssituationen

Demzufolge sind also nicht nur die eben beschriebenen äußeren Belastungssituationen Stress erzeugend. Auch innerpsychische belastende Zustände, wie beispielsweise überzogene Leistungsansprüche am Arbeitsplatz, unausgesprochene Konflikte mit dem Partner oder ein verdrängtes Trauma zu haben sowie sich als Rentner unnütz zu fühlen, seinem Symptom hilflos ausgeliefert zu sein, sich sexuell unausgeglichen zu fühlen, unter Einsamkeit zu leiden usw. lösen im Körper nervlich Stressreaktionen aus.

Der Mensch besitzt zwei Hauptnerveneinheiten: Zum einen das vom Willen genutzte „willkürliche Nervensystem" um bestimmte Handlungen auszuführen. Zum anderen gibt es auch eine Nerveneinheit, die nicht oder zumindest nicht ungeübt vom menschlichen Willen beeinflussbar ist: das „vegetative" oder auch „autonome Nervensystem". Es ist wichtig für körperliche Vorgänge, die automatisch ablaufen, wie z. B. Verdauung, Herzschlag, Blutdruck, Muskelspannung für die aufrechte Haltung, Immunsystem (Abwehr von Krankheitserregern in Blut und Lymphe), die Atmung und vieles mehr.

WICHTIG

Der Körper reagiert bei Stress vor allem mit der nervlichen Erregung des für eine schnelle Kampf- oder Fluchtreaktion zuständigen Teils des vegetativen Nervensystems – dem Sympathikus – und mit der Ausschüttung von Stresshormonen in die Blutbahn.
Das führt vor allem zu

- *verstärkter Muskelanspannung*
- *höherem Blutdruck und Herzschlag*
- *schlechter durchbluteten körperlichen Randbereichen*
- *flach und kurz werdendem Atem*
- *Schwitzen*
- *verminderter Magentätigkeit und Verdauung*
- *Einschränkungen der flexiblen Denkleistungsfähigkeit*

Welchen Sinn hat die Stressreaktion?

Es scheint erst einmal unsinnig von der Natur eingerichtet worden zu sein, z. B. bei einem Bewerbungsgespräch mit Schwitzen, Zittern, erhöht pulsierendem Herzschlag und eingeschränkter geistiger Kraft zu reagieren. In der frühen Menschheitsgeschichte hatte das aber einmal seinen guten Sinn, auf Bedrohungen oder Belastungen so zu reagieren: Durch diese Stressreaktion wurden beim Urmenschen in allerkürzester Zeit alle verfügbaren Kräfte bereitgestellt, wenn er z. B. von einem Bären angegriffen wurde. Er war somit sofort bereit mit Kämpfen oder Fliehen zu reagieren. Durch die verengten Adern in Händen und Füßen, die verminderte Durchblutung der Eingeweide und die erhöhte Blutgerinnung verblutete er nicht so schnell bei Verletzungen. Durch die Muskelspannung konnte er sich schneller wehren oder wegrennen beziehungsweise sich auf einen Baum retten. Die erhöhte Herzrate fördete mehr Blut zu den Muskeln und versorgte sie so vermehrt mit Sauerstoff und Nährstoffen um sie zu kräftigen. Die eingeschränkte Denkleistung verhinderte ein zu langes Nachdenken über Handlungsalternativen und ermöglichte die blitzschnelle Wahl ausschließlich zwischen Flucht oder Angriff. Nach dieser jeweiligen Handlung hatte er die bereitgestellte Kraft verbraucht und eine Erholungsreaktion setzte ein. Eine Gegenreaktion des anderen Teils des vegetativen Nervensystems – dem Parasympathikus – zur Stressreaktion: Die Muskeln entspannen sich, der Blutdruck und die Herzrate sinken, die Randbereiche des Körpers werden besser durchblutet, die Atmung wird tiefer und länger, Magentätigkeit und Verdauung steigen und der Körper sowie die Psyche des Menschen haben dadurch die Möglichkeit sich wieder zu regenerieren. Diese beiden Körperreaktionen – die Kampf-Flucht-Reaktion und die Erholungsreaktion – müssen im Gleichgewicht sein, d. h., sie müssen regelmäßig abwechselnd auftreten um den Organismus gesund zu erhalten. Stress darf also gerne auftreten, ist in gewissem Maße auch der Gesundheit zuträglich. Nur der Dauerstress oder ein extrem starker Stressauslöser (traumatisches Erlebnis oder Ähnliches) können für den Körper und die Psyche sehr schädlich sein.

Daher ist es wichtig für regelmäßige Erholungszeiten zu sorgen, damit eine gesunde oder ausgeglichene Balance in unserem Nervensystem zwischen Sympathikus und Parasympathikus besteht.

Spannungs- und Entspannungszustände müssen im Gleichgewicht bleiben, um den Körper gesund zu erhalten

Wie kommt es zur körperlichen Schädigung?

Ist diese körperliche Stressreaktion dauerhaft im Übermaß vorhanden, kann es zu einer Überstrapazierung des Körpers und der Psyche kommen und bei vorhandenen „Schwachstellen“ dann zu dauerhaften Schädigungen führen. Da im heutigen Leben die Stress auslösenden Situationen nicht mehr so eindeutig sind, so z. B. die Überforderung am Arbeitsplatz, ständiger Zeitdruck, finanziell unsichere Zukunft, wird die durch die körperliche Stressreaktion bereitgestellte Kraft nicht sofort mit „Kampf" oder „Flucht" verbraucht. Man kann ja nicht den autoritären Personalchef während des Bewerbungsgespräches k. o. schlagen oder einfach aus dem Zimmer rennen! Es findet also eine ständige Anspannung durch die dauerhafte Bereitstellung der Kraftreserven im Menschen statt; sie bleiben damit aufgestaut. Der Mensch steht unter einer langanhaltenden Daueranspannung und das Nervensystem „schaltet" nicht mehr zur Erholungsreaktion um, sondern reagiert sogar immer schneller bei immer kleineren Stressauslösern mit auf Dauer schädigenden Körperreaktionen. Da Energie immer verbraucht werden will, sucht die ständig bereitgestellte Energie sich ihren Weg auch in Zeiten ohne Belastung. So verbraucht sie sich bei dem einen durch muskuläre Verengung der Adern und führt zu Bluthochdruck, bei dem anderen spannt sich nachts die Kiefermuskulatur an, was zu nächtlichem Zähneknirschen (Bruxismus) führt, bei wieder einem anderen verspannen sich die Nackenmuskeln und es entsteht ein Halswirbelsäulensyndrom und vieles mehr. Dieses führt im Körper bei Vorhandensein von Schwachstellen durch die Überstrapazierung zu Schädigungen. So beispielsweise kann ein zunächst unbemerkt vorgeschädigtes Innenohr bei andauernden Stressreaktionen zu Hörsturz, Ohrgeräuschen oder damit zusammenhängendem Schwindel führen.

Langanhaltende Daueranspannung kann zu ganz unterschiedlichen körperlichen Strörungen führen

Heute ist die „Kampf-Flucht-Reaktion" im Alltagsleben nicht mehr sehr nützlich. Es ist eher sogar das gegenteilige Verhalten sinnvoll: Man sollte auf die meisten Stressreaktionen mit innerer Ruhe, Entspannung und Konzentration reagieren.

Ist die Stressreaktion beeinflussbar?

In der Psychologie wird davon ausgegangen, dass Stress und Probleme nicht nur von „außen", sondern auch von „innen" kommen. Das eigene, meist automatische Verhalten kann zu Stress und Problemen sehr stark beitragen. In der Psychologie umfasst der Begriff „Verhalten" nicht nur das sichtbare äußere Verhalten, sondern es schließt innerpsychisches Verhalten wie das Denken, das Fühlen und die Körperreaktionen mit ein. Es sind nämlich vor allem die eigenen Gedanken bezüglich der jeweiligen Situation und der eigenen Bewältigungsfähigkeit dieser Situation, die bestimmen, ob angenehme Gefühle (Freude, Neugier, Liebe, Lust, Sicherheit ...) oder belastende Gefühle (Angst, Traurigkeit, Ärger, Unlust, Unsicherheit, Ekel ...) entstehen. Diese Gedanken und Gefühle treten aber so blitzschnell auf, dass man sie häufig gar nicht bewusst wahrnimmt. Die Qualität dieser Bewertungen und Gefühle zusammen beeinflusst dann die Art und die Stärke der körperlichen Reaktionen.

Daher besteht auch die Möglichkeit den körperlichen Stressreaktionen eigenständig durch Beeinflussung der eigenen Gedanken und Gefühle sowie gezielt durch Entspannung und weiteres gesunderhaltendes Verhalten entgegenzuwirken.

Wodurch kann Stress bewältigt werden?

Zum einen kann Stress durch veränderte Einschätzung von belastenden Situationen bewältigt werden: Werden zum Beispiel die Anforderungen an Ihrem Arbeitsplatz erhöht, können Sie das statt als Überlastung als persönliche Herausforderung bewerten. Entsprechend wird die gefühlsmäßige und körperliche Reaktion sein.
Zum anderen sind veränderte Bewertungen der eigenen Bewältigungsfähigkeiten möglich: Eine optimistischere Einstellung zu sich selbst und der eigenen Umwelt erleichtert den Umgang mit belastenden Situationen. Das bedeutet gleichzeitig, dass man sich weder unter- noch zu sehr überschätzen sollte.

WICHTIG

Wichtige Stressbewältigungsfähigkeiten sind:

- *durch Entspannungsverfahren und Bewegung bzw. sportliche Betätigung (Konditionstraining ohne Überforderung oder Wettkampfcharakter: ein- bis höchstens dreimal in der Woche für 30 Minuten Jogging oder Kraulschwimmen) regelmäßig gezielt das Nervensystem auf „Erholungsreaktion" umschalten*
- *auch in schwierigen Situationen gelassen bleiben (durch aktuellen direkten Einsatz von Entspannung in der Stresssituation)*
- *die eigenen Bewertungen, Einstellungen und Gefühle beobachten und überprüfen (Selbstbeobachtung)*
- *die eigene Gedankenwelt nach der bewussten Wahrnehmung positiv beeinflussen*
- *aktiv auch die günstigen Seiten einer neuen Problemsituation suchen und erkennen*
- *die eigenen Gefühle bewusst wahrnehmen, zulassen und damit umgehen können*
- *abwertende Selbstgespräche und Grübeln vermindern und aufbauende Selbstgespräche fördern*
- *mit Schwierigkeiten, Problemen oder Konflikten umgehen können (Problemlösefähigkeit)*
- *sich Angst machenden Situationen im geeigneten Maße stellen, unrealistische Ängste abbauen (Angstbewältigungsfähigkeit)*
- *Verhalten in Stress auslösenden Situationen in der Vorstellung vorwegnehmen und üben (mentales Training)*

Es gibt viele Möglichkeiten, seine eigenen Stressbewältigungsfähigkeiten zu trainieren

Was zeichnet Menschen mit hoher „Widerstandskraft gegen Stress" aus?

Menschen mit großer Widerstandskraft befassen sich im richtigen Maße mit dem, was sie tun (= Engagement), statt „innerlich gekündigt" ihre Tätigkeit teilnahmslos zu verrichten. Sie glauben im Allgemeinen, dass sie die Ereignisse ihres Lebens zumindest teilweise kontrollieren können (= Kontrolle), statt sich machtlos oder

Regelmäßige sportliche Betätigung ist ein geeignetes Mittel um Stress abzubauen

hilflos zu fühlen. Weiterhin betrachten sie Veränderungen mit realistischer Zuversicht (= gesunder Optimismus) im Sinne einer normalen Herausforderung oder als Anstoß zu weiterer Entwicklung statt als Bedrohung. Ansonsten stärken folgende Bedingungen die Widerstandskraft bzw. verringern die Gefahr körperlicher Störungen durch Stress:

- soziale Unterstützung aus Gemeinschaften oder Gruppen (z. B. Selbsthilfegruppen der Tinnitus-Liga)
- Informationen einholen (z. B. Selbsthilfebücher, Beratung)
- technische Unterstützung (z. B. Hörgeräte, Tinnitus-Masker)
- Sympathie und Zuwendung von Angehörigen und Freunden

Wie wirkt sich Stress beim Tinnitus aus?

Stress ist als aufrechterhaltende und das Ohrgeräusch verstärkende Bedingung wissenschaftlich allseits anerkannt. Auch als Ursache für Tinnitus wird er in der Fachwelt diskutiert. Genauere Erkenntnisse gibt es hierzu nicht. Allerdings hängen viele Fachleute der Theorie an, dass die häufigste Ursache für Ohrgeräusche eine Art Minderversorgung des Innenohrs ist. Normalerweise können Nerven das gut überleben. So kann die Blutzufuhr um bis zu 80 Prozent gesenkt werden, bevor die Nerven im Gehirn ihre Arbeit einstellen oder beginnen abzusterben. Die nervlichen Haarzellen in der Hörschnecke sind aber wesentlich anfälliger, weil sie nicht wie andere Nerven in ausreichendem Maße direkt mit Sauerstoff und Nährstoffen aus den Blutgefäßen versorgt werden. Die größeren Adern reichen nur bis zur äußeren Schale der Hörschnecke. Also wird der größte Teil des Sauerstoffs und der anderen Nährstoffe aus dem Blut an die Lymphflüssigkeiten abgegeben. Das sind die Flüssigkeiten, mit der die Hörschnecke gefüllt ist. Hierin treiben nun diese Stoffe. Die Haarzellen werden somit nicht gezielt, sondern eher zufällig mit großem Verlust ernährt.
Das heißt, dass die empfindlichen Haarzellen durch dieses Versorgungsproblem schon bei geringerer Senkung der Blutzufuhr der Hörschnecke viel stärker beeinträchtigt werden können als Nerven anderswo im Körper. Stressreaktionen des Körpers führen unter anderem zu Bluthochdruck und Nackenverspannungen. Die dem Innenohr blutzuführenden Gefäße können hierdurch verengt werden, was zur Reduzierung der Nährstoffzufuhr und somit zu einer Einschränkung der Funktionsfähigkeit der Haarzellen führen kann.
Auch andere Veränderungen der Bluteigenschaften durch Stress könnten sich ungünstig auswirken: eine zu geringe Sauerstoffsättigung durch zu flache und kurze Atmung, eine veränderte Fließeigenschaft durch erhöhte Blutgerinnung und so weiter. Ab einem gewissen Grad der Minderversorgung fällt entweder die Funktion der jeweiligen Haarzellen aus und sie sterben mit der Zeit oder Sie sterben gleich, weil die Nahrungs- und Sauerstoffzufuhr zu stark reduziert wurde.

Andauernder Stress löst im Körper Reaktionen aus, die unter anderem zu einer verminderten Durchblutung des Innenohrs führen können

Wird der Tinnitus schon im frühen Anfangsstadium behandelt, können sich die Haarzellen eventuell wieder erholen

Somit sind die Haarzellen nicht mehr in der Lage den elektrischen Impuls-Code für „Stille" an das Gehirn zu leiten und selbst wenn die Haarzellen abgestorben sind, wird dieses als veränderter Code vom Gehirn als Sinnesreiz für ein (nicht vorhandenes) Geräusch verarbeitet. Eine Notfallversorgung im Anfangsstadium des Tinnitus ist also besonders wichtig. Durch die sofortige Erholung und Stressreduzierung infolge der Entbindung aus den belastenden Umständen des Berufs und der Familie – und eventuell auch der Medikamente oder der erhöhten Sauerstoffzufuhr in der Druckkammer – werden die Haarzellen wieder besser versorgt und bekommen damit noch die Chance, sich zu erholen und wieder den Nervenimpuls für „Stille" an das Gehirn zu leiten. Dauerhafte Verspannungen der Kiefergelenksmuskulatur infolge von Stresseinwirkungen können auch durch Fehlstellung des Unterkiefers Nervenbahnen abdrücken, die dadurch irritiert werden und Ohrgeräusche verursachen.
Stress kann ebenfalls zu einem „Arousal-Effekt" im Gehirn führen. Hierunter versteht man eine dauerhafte und ungeordnete erhöhte elektrische Nervenaktivität in vielen Hirnbereichen, die Ruhezustände unmöglich macht. Hierdurch könnten vielleicht grundlos Hirnbereiche gereizt werden, die für die psychische Verarbeitung der Hörreize zuständig sind und nun Töne produzieren, die nicht vorhanden sind. Sicherlich führt das Arousal zu weiterer Erschöpfung und beeinträchtigt die Wahrnehmung und das Erleben der vorhandenen Ohrgeräusche. Vermutlich gibt es noch viel mehr Annahmen für die ursächlichen Zusammenhänge. Aber auch bei den hier vorgestellten handelt es sich nur um unbewiesene Theorien. Die Wissenschaft ist noch dabei, die einzelnen körperlichen und psychischen Wirkungsweisen genauer zu erforschen, aber das Innenohr ist ein zu kleines und das Gehirn ein zu weitreichendes Organ um mit heutigen Mitteln dem Tinnitus genauestens auf den Grund zu gehen. Allerdings ist das gar nicht unbedingt nötig. Auch die vorgestellten Theorien haben als Arbeitsannahmen zu sinnvollen – wie den vorliegenden – Anwendungen geführt, die erfolgreich den Tinnitus reduzierende Wirkungen zeigen.

Kognitive Verhaltenstherapie und klinische Hypnose im Wald der Therapien

Es existieren mindestens zweihundert einigermaßen ernst zu nehmende Psychotherapieformen. Wissenschaftliche Bestätigungen zu deren Wirksamkeit erbrachten aber nur wenige, wie die kognitive Verhaltenstherapie, Psychoanalyse, klinische Hypnose und Gesprächspsychotherapie. Es gibt weltweit nur relativ wenig Forschergruppen, die sich überhaupt mit der Psychotherapie beim komplexen chronischen Tinnitus befasst haben. Die auf ihre Wirksamkeit bei Tinnitusbetroffenen überprüften einzelnen Psychotherapieverfahren, wie u.a. Hypnose, Verhaltenstherapie im engeren Sinne, reine kognitive Therapie, progressive Muskelentspannung und Biofeedback, zeigten zwar Verbesserungen bei einzelnen Betroffenen – allerdings nur mit begrenztem Wert. Studien über kognitive Therapieansätze verbunden mit anderen wirksamen Psychotherapiemethoden zeigten eine hohe Erfolgsquote bei über 60 Prozent der Tinnitusbetroffenen. Das psychotherapeutische Vorgehen im ambulanten „Selbst-Management bei Tinnitus“ lehnt daher zum einen an das stationäre „multimodale integrative verhaltensmedizinische Behandlungskonzept bei Tinnitus“ von Dr. Goebel und Mitarbeitern (1992) an. Dieses Behandlungskonzept hat sich als aussichtsreich erwiesen. Gemäß wissenschaftlicher Überprüfung ist dieser Ansatz einer der wohl am meisten Erfolg versprechende in der stationären Behandlung des komplexen chronischen Tinnitus verschiedenster Entstehung. Zum anderen werden im „Selbst-Management bei Tinnitus“ psychotherapeutische Herangehensweisen aus der kognitiven Verhaltenstherapie und der klinischen Hypnose angewandt. Diese psychotherapeutischen Verfahren haben einen gemeinsamen wichtigen Vorteil gegenüber vielen anderen Psychotherapieformen: Über die Problemzusammenhänge, Ziele und Lösungen des Patienten wird nicht nur gesprochen und darüber nur Einsichten vermittelt, sondern sie werden durch praktische Anwendungen im inneren (gedanklich/mental) und äußeren Verhalten zu umfassenden Erfahrungen gemacht. Damit ermöglichen sie eine bessere Abspeicherung der Erkenntnisse und neuen Verhaltensweisen im Gehirn sowie einen leichteren Zugriff auf diese neu gelernten Fähigkeiten.

In der **kognitiven Verhaltenstherapie** werden psychologische Verfahren angewandt, die auf den psychologischen Lerngesetzen basieren, ergänzt durch weitere wirksamkeitserwiesene Befunde anderer Forschungsbereiche wie der Physiologie, Sozialpsychologie und Verhaltensbiologie. Symptomatiken werden als fehlangepasste Verhaltensweisen verstanden. Dieses Problemverhalten entsteht durch ungünstige Lernerfahrungen in der weiteren oder näheren Vergangenheit. Den Begriff „Verhalten“ versteht man sehr breitgefasst. Neben dem äußerlich sichtbaren Verhalten zählt auch das Denken (= „Kognitionen“: unter anderem Einstellungen, Bewertungen, Überzeugungen, innerliche Sprache mit sich selbst), das Fühlen und physiologische Körperreaktionen dazu. Auf diesen vier Ebenen kann ungünstiges Verhalten oder können fehlende Fähigkeiten zu Problemen führen, die der Patient in der Therapie bewältigen will. So können beispielsweise bei der Depression Rückzugsverhalten, ungünstige und pessimistische Denkweisen, Gefühle allgemeiner Wertlosigkeit sowie höhere Ermüdung auftreten. Die Einflüsse der jeweils persönlichen Lernerfahrungen in der Biographie und im aktuellen Leben, die zu dem Problemverhalten führen, werden zu Beginn der Therapie gemeinsam mit dem Patienten in einer Verhaltensanalyse individuell betrachtet. Hieraus

In der kognitiven Verhaltenstherapie werden Symptome als fehlangepasste Verhaltensweisen verstanden

entstehen Erkenntnisse darüber, was die Symptomatik auslöst und aufrechterhält sowie welche Hintergrundprobleme und belastenden äußeren Umwelteinflüsse eventuell vorliegen und das Problemverhalten verstärken. Im Falle der Depression wäre Folgendes hierzu denkbar: Ausgelöst wird die Depression durch eine Trennung des Partners. Hierdurch wird eine frühere psychisch unverarbeitete stark belastende Trennungssituation wieder aktiviert. Aufrechterhalten wird die Depression, weil der Betroffene mehr Zuwendung von Freunden erhält und somit nicht einsam ist. Als Hintergrundproblem steht vielleicht die mangelnde Fähigkeit, selbstständig in Kontakt mit einer neuen Partnerin oder Freunden zu gelangen auf Grund sozialer Ängste. Da der Betroffene beruflich seit langem stark überfordert ist (Umwelt), bricht er nun durch diesen privaten Stress erschöpft depressiv zusammen. Solche Erkenntnisse und die jeweils persönlichen einzelnen Therapieziele führen dann zur Therapiegestaltung. Die dann angewandten therapeutischen Methoden erwirken einen Abbau fehlangepassten Verhaltens und einen Aufbau ungenügenden Verhaltens. Diese Lernvorgänge erfordern eine aktive Mitarbeit bei diesem Veränderungsprozess. Für eine erfolgreiche Therapie sind neben den Erkenntnissen aus den therapeutischen Gesprächen praktische Veränderungen im Verhalten unverzichtbar. Um eine Übertragung der Therapieeffekte in den Alltag zu erreichen, sind Ausführungen von Übungen zwischen den Therapiesitzungen notwendig. In der kognitiven Verhaltenstherapie lernt man, wieder aktiv mehr Einfluss oder Kontrolle über sich selbst und das Problemverhalten zu gewinnen sowie die weitere Lebensführung gemäß den eigenen realistischen Zielsetzungen zu gestalten. Da diese Psychotherapie sehr durchsichtig und anschaulich für den Patienten durchgeführt wird, fällt es ihm leicht diese in den Vordergrund gestellte Hilfe zur Selbsthilfe auch in der Zukunft bei anderen möglichen Problemen eigenständig anzuwenden.

Eine erfolgreiche Therapie erfordert immer eine aktive Mitarbeit des Betroffenen

Die **klinische Hypnose** ist von der unseriösen Showhypnose abzugrenzen. Hypnose ist eine der ältesten Behandlungsformen mit vielfacher wissenschaftlicher Bestätigung und nicht, wie es uns die Showhypnose mit ihren Tricks weismachen will, ein Schaubudenzauber. Schon in Aufzeichnungen der Antike wird von der hilfreichen Wirkung der Hypnose berichtet, die „Tempelschlaf“ genannt wurde.

Die klinische Hypnose ist nichts weiter als eine Art „Gebrauchsanleitung“ für das Entwickeln eines persönlichen Trancezustandes. Und die Trance ist eine Alltagserscheinung, die wirklich jeder mehrmals täglich erfährt. Die Aufmerksamkeit ist „gebündelt“ auf das innere Erleben gerichtet und alles, was diese Konzentration nicht erfasst, tritt in den Erlebnishintergrund. So spricht Sie beispielsweise jemand mehrmals an, bis Sie reagieren und sagen: „Oh, ich war gerade mit den Gedanken ganz woanders!“ (Vielleicht beim Picknick am letzten Sonntag?) Vielleicht haben Sie auch schon einmal erlebt, dass Schmerzen bei einem spannenden Spielfilm gar nicht mehr gespürt werden. Oder morgens beim Zähneputzen durchplanen Sie vor Ihrem inneren Auge den ganzen Tag und wundern sich, dass Sie mit dem Zähneputzen so schnell fertig geworden sind. Dass dieses innere Erleben auch körperliche Auswirkungen zeigen kann, mag ihnen unter anderem vielleicht durch eigene sexuelle Phantasien bekannt sein.

Trance ist ein alltäglicher, aber auch durch die Hypnose gezielt einsetzbarer aktiver Prozess unbewussten Lernens. Denn Trance ist ein Bewusstseinszustand, in dem der Mensch besonders aufgeschlossen ist für Veränderungen und Lernprozesse. Die Trance ermöglicht dem „Unbewussten" übliche Vermittlungsprozesse des bewussten Denkens zu umgehen. Das „Unbewusste" umfasst also Hirnfunktionen, die außerhalb des Gewahrwerdens des Menschen liegen und zu denen die Informationsverarbeitung, Speicherung und Abruf, sowie physiologische Mechanismen der Selbststeuerung gehören. Man könnte das „Unbewusste" als „weiser" ansehen als den bewussten Verstand. Daher haben Sie im Trancezustand die Möglichkeit leichter ihre eigenen Lösungen der Probleme zu finden, weil Sie Ihren Emotionen, Bedürfnissen und Befürchtungen näher kommen können, als dieses im Alltagsbewusstsein gelingt. Zudem setzt der Trancezustand allein schon Tendenzen zur körperlichen und seelischen Selbstheilung in Gang.

Die klinische Hypnose ist zum einen besonders gut geeignet für Veränderungen auf der Ebene des autonomen Nervensystems. So kann sie für viele Betroffene einen gewissen Wandel in der Intensität und Qualität der Tinnituswahrnehmung leisten. Zum anderen vermag die klinische Hypnose in der inneren Vorstellung auf kreative Art und Weise zu Veränderungen auf der Ebene des eigenen Erlebens zu verhelfen. So können beispielsweise Betroffene ihre gedanklich den Tinnitus betreffenden unerträglichen Einstellungen hinterfragen und eine zunehmend akzeptierende Haltung gegenüber dem Tinnitus aufbauen lernen. Bei einer vorliegenden Hintergrundproblematik kann die klinische Hypnose eingebunden in eine umfassendere Psychotherapie Erfolge bei Problemen auf der Verhaltens-, der Erlebnisverarbeitungs- und/oder der individuellen Persönlichkeitsebene erzielen. Da es in der modernen klinischen Hypnose nicht mehr darauf ankommt, besonders „weit wegzutreten", ist die „Hypnotisierbarkeit" des Einzelnen dabei nicht wichtig. Wer zum Tagträumen oder Träumen fähig ist, kann natürlich auch (Selbst-)Hypnose erfolgreich anwenden.

Durch klinische Hypnose kann zum einen die Tinnituswahrnehmung verändert werden, zum anderen die eigene Einstellung gegenüber der Erkrankung

Der Selbst-Management-Ansatz

In dem von mir im Rahmen meiner Praxis- und Forschungstätigkeit entwickelten ambulanten Behandlungskonzept „Selbst-Management bei Tinnitus" verbinde ich einige Aspekte

Beim Selbstmanagement-Konzept werden die vorhandenen Fähigkeiten des Betroffenen besser genutzt

des oben erwähnten Ansatzes zur stationären Tinnitusbehandlung nach Goebel mit zwei weiteren Psychotherapierichtungen. Zum einen wird die „Selbst-Management-Therapie" nach Kanfer (1996) mit einbezogen, eine stark humanistisch beeinflusste Form der kognitiven Verhaltenstherapie. Zum anderen finden Methoden der klinischen Hypnose und Psychotherapie von Erickson (1989, Rossi, 1995) ihre Anwendung, eine moderne und nicht autoritär beeinflussende Form der klinischen Hypnose. Beide Psychotherapieansätze zielen darauf ab, bei den Betroffenen bestimmte häufig vorhandene, aber ungenutzte oder im falschen Zusammenhang genutzte Fähigkeiten („Ressourcen") zu entwickeln, damit dem betroffenen Menschen – trotz der quälenden Ohrgeräusche – ein sinnerfülltes Leben möglich wird. Zudem lehnt dieser Behandlungsansatz an Erfahrungen aus der psychologischen Behandlung des Schmerzes an, einem Symptom, das auf den Wahrnehmungs- und Erlebnisebenen viele Parallelen zum Tinnitus aufweist.

Dem „Selbst-Management bei Tinnitus" liegt ein bio-psycho-soziales Erklärungsmodell des komplexen chronischen Tinnitus zu Grunde. Es besagt, dass bei der Entstehung und Aufrechterhaltung dieses Störungsbildes sowohl *bio*logische Veranlagungen (zum Beispiel besonders schnell durch Stress auslösbare Körperreaktionen, körperliche Schwachstellen, die erst bei Überbeanspruchung eine Störung aufweisen, oder Erbanlagen) als auch psychosoziale Anteile im Sinne individueller als auch mitmenschlicher und gesellschaftlicher Probleme (zum Beispiel Minderwertigkeitsgefühl, Bindungsängste, Tod eines Angehörigen, finanzielle Sorgen, Über- oder Unterforderung am Arbeitsplatz) mitwirken. Das „Selbst-Management bei Tinnitus" ist im Besonderen für Menschen mit komplexem chronischen Tinnitus, also extrem unter Tinnitus Leidende, entwickelt worden. Im Allgemeinen richtet sich dieser Ansatz aber auch an die weniger unter den akuten oder chronischen Ohrgeräuschen leidenden Betroffenen, die eine Verbesserung des Störungsbildes und eine Vorsorge für eine gesunde Verarbeitung erreichen wollen.

Von der Vielzahl an Menschen, die einen Tinnitus haben, entwickelt nur ein kleiner Teil einen komplexen chronischen Tinnitus. In der Lautheit und Frequenz unterscheiden sich diese beiden Gruppen jedoch nicht. Welcher Mechanismus erfahrungsgemäß bei den Betroffenen zur scheinbaren Unerträglichkeit des Tinnitus führt, könnte Ihnen in etwa folgendes Sinnbild verdeutlichen. Das Fass zum Überlaufen bringen: Der Tinnitus ist nur der Liter (nicht ein Tropfen!), der „das Fass zum Überlaufen bringt". Aber der Wasserstand im Fass (Hintergrundprobleme) muss schon sehr hoch gewesen sein.

So können zum Beispiel ungelöste Partnerkonflikte, Über- oder Unterforderung am Arbeitsplatz, ungenügende Stressbewältigungsfähigkeiten, Ängste, Unsicherheiten vor anderen Menschen, verdeckte Depressionen, Selbstwertprobleme oder unbewältigte

Lebenserfahrungen vorliegen. Vielleicht steht das Fass aber auch auf schiefem Untergrund (Umwelt: z. B. Schichtdienst, Lärm am Arbeitsplatz oder Wohnraum) und muss eine bessere Standmöglichkeit finden.
An diesen drei Ebenen setzen die Selbst-Management-Verfahren – wenn notwendig – an:

- „Liter reduzieren": Verringerung der Belastung durch den Tinnitus mit Hilfe von psychologischen Strategien, die das Symptom beeinflussen
- „Wasserstand senken": Abbau von Hintergrundproblemen mit Hilfe von psychologischen Gesprächen und dem Üben von Verfahren, die dem Betroffenen ermöglichen, heutige und zukünftige Belastungen, Konflikte oder Probleme besser zu bewältigen bzw. leichter zu lösen
- „Untergrund begradigen": Veränderung äußerer ungünstiger Umstände

Durch das eigenständige Eingreifen auf diesen Ebenen kann der Betroffene erreichen, dass „das Fass nicht mehr überläuft", so wie bei *den* Tinnitusbetroffenen, die durch die Ohrgeräusche nicht überlastet sind!
Der einmal entstandene Tinnitus kann sich im Sinne eines „Teufelskreises" selbstverstärken. Der Tinnitus kann sich mehr oder weniger belastend auf das psychische Befinden auswirken. Entwickeln sich hieraus regelrechte Begleitstörungen wie zum Beispiel Ängste oder depressive Reaktionen im Rahmen einer Anpassungsstörung und eventuell Ein- oder Durchschlafstörungen, führt dies zu der Zunahme der belastenden Gefühle. Zudem wird dieser Stress noch „gespeist" von aktuellen und chronischen Belastungen sowohl durch Alltagsstress als auch durch Hintergrundprobleme.

WICHTIG

Die häufigen bewussten oder unbewussten Hintergrundprobleme sind nicht ausschließlich typisch für Tinnitusbetroffene. Sie betreffen die gesamte normale Bandbreite an Problemen:

- *mangelnde Stressbewältigungsfähigkeit*
- *einschneidendes Lebensereignis (Trennung, Tod eines Angehörigen ...)*
- *Trauma*
- *Selbstwertprobleme (übertriebene eigene Leistungsansprüche, es immer allen recht machen wollen ...)*
- *Erschöpfungssyndrom*
- *Ängste (Angst vor anderen, übertriebene Sorge, Platzangst ...)*
- *Depression*
- *chronische Partner- und Familienkonflikte (Kommunikationsprobleme ...)*
- *allgemeine Lebensunzufriedenheit (es fehlen Perspektiven und der Sinn des Lebens)*

Als den Tinnitus verschlechternde oder aufrechterhaltende Bedingung führt dieser Stress zu schon oben beschriebenen körperlichen Stressreaktionen. Bei häufig auftretendem

Bei der Behandlung des Tinnitus ist es wichtig, bestehende Hintergrundprobleme zu lösen

oder aber bei chronischem Stress kommt es zu körperlichen und psychischen Dauererregungen im Sinne eines anhaltenden allgemein erhöhten Spannungszustandes. Diese Angespanntheit wiederum führt bei der Veranlagung einer Schwachstelle zu deren Überbeanspruchung.
Eine Schwachstelle kann unter anderem ein heute unbemerkt vorgeschädigtes Innenohr sein oder eine veranlagte überreagierende Muskelanspannung im Nacken- sowie Kiefergelenksbereich, die zu Tinnitus führt oder ihn verstärkt (siehe Seite 15). Diese erhöhte Belastung durch die Tinnitusveränderung bringt diesen schädlichen Kreislauf dann noch mehr in Gang. Dieser „Teufelskreis" des Tinnitus ist sicherlich nicht nur in einer Richtung zu betrachten, sondern die einzelnen dargestellten Aspekte schaukeln sich gegenseitig auf. Zudem wird Ihnen in dieser Veranschaulichung vielleicht auch deutlich, dass eine direkt Tinnitus auslösende Wirkung des Stresses denkbar wäre. Um aus diesem „Teufelskreis" herauszugelangen, müssen die Behandlung und die Selbsthilfe die Wirkungszusammenhänge bewusst machen, unterbrechen und positiv verändern, damit dieser sich aufschaukelnde Teufelskreislauf unterbunden wird.

Um den „Teufelskreis" des Tinnitus zu durchbrechen, müssen zunächst die Wirkungszusammenhänge erkannt werden

Das gesamte therapeutische Vorgehen, eingeschlossen die Psychodiagnostik zu Beginn der Therapie, findet in offener Zusammenarbeit mit den Betroffenen statt. Damit ist gemeint, dass die Betroffenen nicht nur *durch* den therapeutischen Prozess lernen, ihre Probleme zu lösen, sondern auch *den* therapeutischen Prozess an sich in groben Zügen im Sinne einer Rückfallvorsorge vermittelt bekommen. Auf den psychischen Leidensdruck durch die Ohrgeräusche sowie die weiteren Belastungen und Probleme wird in einfühlsamen therapeutischen Gesprächen eingegangen. Der Betroffene wird so wie er ist angenommen und findet für seine Sorgen einen einfühlsamen Gesprächspartner.
Diese notwendige vertrauensvolle Beziehung zwischen Betroffenem und Therapeut schafft die Möglichkeit, offen in dieser Selbstauseinandersetzung die auch tieferen und vielleicht weniger liebsamen belastenden Gefühle wahrzunehmen, zu äußern und den angemessenen Umgang damit zu lernen. Der Therapeut fasst das Ausgedrückte zusammen und „spiegelt" es dem Betroffenen zurück, eventuell verbunden mit indirekten bildhaften Anregungen (Metaphern). Das selbstständige Verstehen und Lösen der Probleme steht hierbei im Vordergrund und wird auch für die Zukunft gelernt. Zudem werden die Patienten über die wichtigsten Sachverhalte bezüglich des Störungsbildes informiert, was nachweislich durch den Angst nehmenden Charakter schon für viele Betroffene eine entspannende Wirkung hat.
Das Gewicht des „ambulanten Selbst-Managements bei Tinnitus" liegt vorzugsweise auf dem Erlernen von Fähigkeiten zur erhöhten Selbstbeeinflussung und Tinnitusveränderung wie beispielsweise durch genau von Fall zu Fall angepasste Entspannungsverfahren und Selbsthypnosen, die spezi-

ell auf die Tinnitussymptomatik abgestimmt sind. Erst wird an das Thema Entspannung herangeführt, dann ein „maßgeschneidertes" Entspannungsverfahren und individuell wirksame Selbsthypnosen mit dem jeweiligen Betroffenen aus einem zahlreichen Angebot entwickelt und geübt sowie in dessen Alltag integriert. Die darauf häufig schon folgende Verbesserung des psychischen Zustandes und die erste Erfahrung, einen gewissen Einfluss auf die Ohrgeräusche ausüben zu können, motivieren dann den Betroffenen die weiteren psychotherapeutischen Schritte in Angriff zu nehmen. Schon die folgende Verminderung der Erregung des Nervensystems und somit der Dauerangespanntheit führen dazu, dass sich der Tinnitusbetroffene allgemein seelisch wohler fühlt. Er entwickelt wieder positivere Gefühle, mehr innere Ruhe und wird ausgeglichener. Auch in belastenden Situationen kann er gelassener bleiben. Die Gedanken sind geordneter und klarer. Wahrnehmung und Aufmerksamkeit lassen sich gezielter lenken und kontrollieren. Die Aufmerksamkeit kann somit konzentriert leichter vom Tinnitus weg auf eher neutralere oder sogar positive Inhalte oder Dinge gelenkt werden. Zudem ist hierdurch lernbar, wie belastende Inhalte des Bewusstseins (z.B. Gedanken, Erinnerungen, Erwartungen, unerfüllbare Wünsche oder Bedürfnisse) losgelassen werden können. Auch das Verhalten wird entspannter und kontrollierbarer. Zudem steigen die geistige Kreativität und die Flexibilität, wodurch auch unausweichbare Unwegsamkeiten des Lebens leichter akzeptierbar sind und das Beste daraus gemacht werden kann. Problemlösungen lassen sich in diesem Zustand leichter selbst entwickeln und anwenden.

Als ein wichtiger Bestandteil der Stressbewältigung wird neben Entspannungsverfahren u.a. auch die Abhängigkeit der Gefühle und der Streßreaktionen von den vorausgegangenen z.B. Angst und Depression auslösenden Gedankenstrukturen aufgezeigt. Die eigenen Gedanken werden dafür selbst beobachtet und zunächst mit therapeutischer Hilfe und dann selbstständig positiv verändert. Es wird trainiert pessimistische oder unsachliche Gedankenstrukturen und Selbstgespräche ab- und realistisch-optmistischere aufzubauen. Auf den Tinnitus bezogen könnte das heißen: Statt bei intensiver werdenden Ohrgeräuschen „Oh Gott, der Tinnitus ist lauter! Vielleicht geht der nie wieder zurück!" zu denken und die Stressreaktionen zu verstärken, die wiederum den Tinnitus dann wirklich lauter werden lassen, zu sagen lernen: „Okay, der Tinnitus ist nun lauter. Ich kann mich aber entspannen, denn durch die Informationen weiß ich, dass er nur in sehr seltenen Fällen lauter bleibt. Also wird er auch wieder leiser werden. Ich habe das ja nun schon öfter erlebt. Aber was könnte ich denn aus dieser Situation lernen, auf die mich der Tinnitus durch sein Lauterwerden hinweist?". Ein anderes Beispiel: Eine Ehefrau erwartet ihren Mann seit einer halben Stunde von der Dienstreise zurück. Sie steigert sich durch

Ein wichtiger Bestandteil der Stressbewältigung ist es, die eigenen Gedanken positiv zu verändern

ihre Gedanken in den Stress hinein: „Ihm ist etwas Schreckliches zugestoßen!“ Sie stellt sich innerlich bildlich Horrorszenarien von Unfällen, Herzinfarkten und Ähnlichem vor. Sie bekommt Angst, ihr Ohrgeräusch wird immer unerträglicher. Dem kann sie realistisch-optimistisch entgegnen: „Es gibt auch 1 000 andere Gründe, warum er nicht kommt. Vielleicht hat er eine spontane Besprechung mit einem Kunden oder einfach die Zeit übersehen. Selbst wenn ihm etwas passiert wäre, was würde es nützen, wenn ich mich hier verrückt mache? Ich bleibe am Telefon, aber lenke mich etwas ab, bis er kommt.“ Die Frau schafft es somit ihren Stress zu verringern und den Tinnitus etwas erträglicher werden zu lassen.

Durch eine intensive Selbstbeobachtung lernen Sie Ihr individuelles Problemverhalten kennen

Die genauere Diagnostik des individuellen Problemverhaltens wird durch Methoden der Selbstbeobachtung (Protokolle) und mit Hilfe kreativer Hypnosen, die unbewusste Inhalte durch innere und mitunter symbolhafte Vorstellungsbilder zugänglich machen, unterstützt. Die Betroffenen können hierdurch mögliche vorausgehende Bedingungen ihres Problemverhaltens erkennen, die einen ungünstigen Einfluss auf die Symptomatik haben. So führen zum Beispiel pessimistische Einstellungen bezüglich einer Prüfung, wie „Die schaffe ich niemals. Wenn ich hier versage, ist alles vorbei.“ zu Ängsten, die das Ohrgeräusch verstärken. Wird die Prüfung eher als „Herausforderung“ betrachtet, die „ich nach besten Kräften bewältigen will. Ich habe mich schließlich vorbereitet und außerdem haben die anderen sie auch geschafft.“, werden weniger Stressreaktionen entwickelt und der Tinnitus wird nicht noch lauter oder unangenehmer und erschwert so noch zusätzlich die Zielerreichung. Ebenso werden die eventuell nachfolgenden Bedingungen des Problemverhaltens betrachtet, die mit der Symptomatik einhergehen und sie aufrechterhalten können. Dies ermöglicht häufig völlig unbewusste Vorteile des Problemverhaltens beziehungsweise der Symptomatik zu erkennen. So kann beispielsweise der Tinnitus immer dann quälender werden und zum Rückzug motivieren, wenn unbewusst eine Auseinandersetzung mit dem Partner vermieden werden soll. Oder das Ohrgeräusch ist beispielsweise deshalb unbewusst so belastend, weil der Betroffene hierdurch die Möglichkeit hat seine berufliche Stellung zu verlassen, ohne sich oder anderen seine Überforderung einzugestehen, was sein Selbstwertgefühl stark beeinträchtigen würde. In der Therapie werden die Gründe für diese unbewussten Vermeidungsstrategien verständnisvoll herausgefunden und dann alternative Möglichkeiten zur günstigeren Bewältigung dieser Hintergrundprobleme besprochen und manchmal auch im Rollenspiel geübt. Oftmals werden erst in dieser Verhaltensdiagnostik vorher unerkannte Problem- oder Stressthemen deutlich. Die Ohrgeräusche oder eintretenden Hörstürze könnte man in vielen Fällen so verstehen, dass sie sozusagen unbewusst wie ein Signal nützliche Hinweise auf die Hintergrundprobleme geben, wo möglicherweise ein Problem erzeugendes Verhalten durch ein günstigeres ersetzt werden sollte. Damit ist jedoch nicht gemeint, der Betroffene habe selbst Schuld an seinem Symptom, sondern sein heutiges Problemverhalten hat er in der Vergangenheit als Verhaltensstrategie entwickelt um damit eine optimale – für damals notwendig gewordene – Problemlösung zu erreichen. Heute erreicht dieses Verhalten aber vielleicht mehr Nach- als Vorteile und es stellt möglicherweise nur noch die „zweitbeste Lösungsalternative“ dar. Nun bietet aber die Auseinandersetzung mit den Ohrgeräuschen und ihren Auftritts- und Veränderungsbedingungen die Chance eine geeignetere Verhaltensweise im Umgang mit dem heutigen Hintergrundproblem herauszufinden. Wenn die Betroffenen diese Erfahrung in der Selbstauseinandersetzung oder in der Therapie machen, schaffen sie es auch ihr Symptom in einem anderen Licht zu betrachten. Der Tinnitus ist für den Betroffenen dann nicht mehr nur eine „unerträgliche Geißel des Schicksals“, sondern er kann eine akzeptierendere Haltung dem Symptom gegenüber einnehmen. Diese „kognitive Umstrukturierung“ des Symptoms zu einer Art hilfreicher „Alarmanlage“ stellt einen wesentlichen psychologischen Vorgang auf dem Wege zur Bewältigung des Tinnitus und des Hörsturzes dar. Ergeben sich weitere psychotherapeutische Maßnahmen aus der therapeutischen Diagnostik bezüglich der Hintergrundprobleme und Begleitstörungen, werden diese in das Behandlungskonzept mit einbezogen.

Das Hauptziel des „Selbst-Managements bei Tinnitus“ im Allgemeinen ist zu lernen, dem Tinnitus nicht mehr so hilflos ausgeliefert zu sein, sondern mehr Kontrolle über sich und ihn zu erlangen. Im Besonderen wird damit angeregt, statt zu resignieren oder extrem kämpferisch gegen den „großen Feind Tinnitus hochzurüsten“, langsam eine mehr tolerierende oder akzeptierende Haltung gegenüber den Ohrgeräuschen zu entwickeln. Sämtliche Sitzungen des „Selbst-Managements bei Tinnitus“ können nur eine Art „Starthilfe zur Selbsthilfe“ sein, wodurch der Betroffene lernt, wie man sich im Moment und zukünftig bei Problemen selbstständig „am eigenen Zopf aus dem Sumpf zieht“. Das heißt nicht der Therapeut verändert den Betroffenen, sondern die Wirksamkeit des Ansatzes hängt zum großen Teil von dem Betroffenen und seiner Bereitschaft zur aktiven Umsetzung des Gelernten im Alltag ab. Letztes ist allerdings nicht nur notwendige Voraussetzung, sondern häufig auch von den Betroffenen gewünscht. So hängt folgender Ausspruch eines Patienten im Wartezimmer eines Kollegen: „Bitte nicht helfen, mir geht es schon schlecht genug!“

Der vorgestellte Therapieansatz soll den Betroffenen in die Lage versetzen, seine Probleme in der Zukunft eigenständig zu lösen

Erreichbare Ziele dieses Ansatzes

Ich stelle Ihnen in diesem Selbsthilfebuch im folgenden Teil nun wesentliche Aspekte des „ambulanten Selbst-Managements bei Tinnitus“ als Möglichkeiten vor, mit deren Hilfe Sie

Durch das „Selbst-Management bei Tinnitus" lernen die Betroffenen, ihre Ohrgeräusche zu akzeptieren und erleben dadurch eine gesteigerte Lebensqualität

selbst psychologisch gezielt den Tinnitus reduzieren, sich aber auch allgemein psychisch und körperlich stabilisieren können. Die im Folgenden beschriebenen Verfahren führen nach der individuell kombinierten Anwendung bei den meisten Patienten dazu, dass die Ohrgeräusche als weniger belastend empfunden werden. Viele geben sogar an, dass der Tinnitus in seiner Intensität – seiner Lautheit – abgenommen hat, andere empfinden das Ohrensausen als entfernter, gedämpfter, wie hinter einer Wand, in einer anderen Klangfarbe und Tonhöhe und einige hören es gar nicht mehr bewusst.

Diese Methoden versprechen nicht den Tinnitus zum Verschwinden zu bringen, jedoch sorgen sie durch ihre vermuteten Wirkungen auf das Innenohr und das Gehirn in den meisten Fällen für eine gezielte Verminderung des mit den Ohrgeräuschen verbundenen Leidensdrucks. Viele Patienten äußern dazu, dass sie erstmals wieder das Gefühl hätten, ihren Ohrgeräuschen nicht so ausgeliefert zu sein. Sie bemerken, dass der Tinnitus doch in gewissem Maße durch sie selbst günstig veränderbar ist und es sich eben nicht so darstellt, wie viele behandelnde Ärzte meinen: „Sie müssen halt lernen mit den Ohrgeräuschen so auszukommen!"

Darüber hinaus wird durch diesen psychologischen Behandlungsansatz eine generelle Stabilisierung des autonomen Nervensystems erleichtert. Eine Dämpfung körperliche Stressreaktionen, ein angemessener Kontakt zur eigenen Gefühlswelt und eine Stärkung der körperlichen und psychischen Widerstandskräfte gegen Stress werden erreicht.

Natürlich hat das „ambulante Selbst-Management bei Tinnitus" auch seine Grenzen. Zum einen können bestimmte äußere Stressauslöser wie z. B. schädigender Lärm am Arbeitsplatz, Unfall eines Angehörigen, Verkehrsstau oder Ähnliches selbstverständlich nicht durch dieses Selbst-Management abgeschafft werden. Zum anderen können hiermit natürlich auch nicht körperliche Schädigungen rückgängig gemacht oder Ohrgeräusche „abgeschaltet" werden. Finden allerdings zum Beispiel die vorgestellten Entspannungsverfahren und Selbsthypnosen überhaupt keine Wirkung oder scheint es sogar unmöglich sie anzuwenden, kann das ein sehr deutlicher Hinweis darauf sein, dass die bestehenden, aber verdrängten Hintergrundprobleme weder erkannt noch günstige Veränderungsschritte eingeleitet wurden. Aber erst hiernach ist der positivere Umgang (im Sinne einer angemessenen Anpassungsleistung) mit der Gesamtsymptomatik dauerhaft erreichbar. Durch die im „ambulanten Selbst-Management bei Tinnitus" lernbaren Fähigkeiten zur Tinnitusverminderung, selbstständigen Problem- und Konfliktlösung sowie zur optimistischeren Lebenseinstellung wird die Einschätzung der allgemeinen Selbstwirksamkeit erhöht. Der Betroffene erlebt sich durch die Ohrgeräusche auch zukünftig weniger belastet, viel selbstbewusster und genießt eine gesteigerte Lebensqualität.

Selbst-Management bei Tinnitus

Durchführung und Auswahl der Übungen

Zu Beginn der Therapie ist es hilfreich, die Anleitungstexte auf eine Tonkassette zu sprechen

Anleitungstexte

Die Anleitungstexte für die Übungen der Entspannungs- und Selbsthypnoseverfahren sind so für Sie vorbereitet, dass Sie sich diese entweder leicht merken können oder lediglich in einer ruhigen Stunde auf Tonkassette zu sprechen brauchen, mit der Sie dann in der ersten Trainingsphase üben. Achten Sie bei der Aufnahme darauf, dass Ihre Stimme mit der Zeit langsamer und etwas tiefer wird und Sie bei „…" eine kürzere und bei „(Pause)" eine längere Sprechpause lassen, das unterstützt die Wirkung. Mit Hilfe eines Kassettenabspielgeräts oder „Walkmans" können Sie dann die Übungen selbst durchführen. Sie können sich die eigene Anleitung auch Satz für Satz einprägen. Da es aber äußerst wichtig ist, dass Sie die Auswirkungen dieser Verfahren ohne Anstrengung erleben, ist es in der Regel am besten, am Anfang mit der selbst besprochenen Kassette zu üben. Vielleicht klingt Ihre Stimme vom Band erst noch etwas ungewohnt, aber nach einem kurzen Gewöhnungsprozess werden Sie merken, dass Ihre eigene Stimme die geeignetste ist – nicht zuletzt um dann etwas später den Übergang zur Durchführung der Entspannungsübungen ohne äußere Hilfe zu erleichtern.

Musik oder Geräusche

So ist auch nur zu Beginn eine musikalische Untermalung des Entspannungstrainings und der Hypnoseanwendungen günstig für Sie, damit die Ohrgeräusche nicht erschwerend in den Vordergrund treten und die Durchführung behindern. Dafür ist diverse Entspannungsmusik im Handel erhältlich. Statt Musik eignen sich für manche Betroffene auch Umgebungsgeräusche, die nicht störend wirken. Das kann der Wind sein, ein Bach, ein auf Rauschen gestelltes Radio oder ein Zimmerspringbrunnen. Lassen Sie die unterstützende Geräuschkulisse langsam immer leiser werden, damit Sie später ohne jedes äußere Hilfsmittel mehr Kontrolle über sich und die Ohrgeräusche gewinnen.

Alles ausprobieren

Bitte experimentieren Sie mit allen in diesem Buch vorgestellten Methoden und Übungen nach dem Lernprinzip von „Versuch und Irrtum". Probieren Sie nacheinander möglichst vorbehaltlos die eingängig dargestellten Methoden aus.

Beim Herangehen an die Übungen ist es günstig, wenn Sie sich vorerst einfach einmal überraschen lassen, was Sie alles mit diesen Methoden erreichen werden ohne es vielleicht unbedingt sofort erlangen zu müssen. Erlauben Sie es sich, doch erst einmal die wohltuenden Erlebnisse zu genießen und mehr über die eigenen Fähigkeiten zu erfahren, als Sie vielleicht bis jetzt gewusst haben. Die größeren Erfolge lassen sich aber immer erst später beurteilen, deswegen urteilen Sie bitte nicht zu vorschnell, sondern erst nach eingehenden Erfahrungen, die Sie vielleicht gar nicht so erwartet hatten.

WICHTIG

Wählen Sie nach dieser Erprobungsphase die Entspannungs- oder Hypnoseverfahren zur regelmäßigen Anwendung aus, die Ihnen schon jetzt

- *etwas zu Ihrer Entspannung verhelfen*
- *einen ansatzweise spürbar günstigeren Einfluss auf Ihr Tinnituserleben (Belastung, Geräuschqualität oder Lautheit) zeigen*
- *neue Anregungen vermitteln, mit sich und der Umwelt anders umzugehen*
- *oder Spaß machen.*

Regelmäßiges Training

Sind einige dieser Kriterien erfüllt, sind Sie auch motiviert für deren Training und das regelmäßige „Am-Ball-Bleiben". Denn nur wer häufig übt, kann für sich und die Verbesserung der Ohrgeräusche wirksam etwas tun. Die Entspannungsübungen und Selbsthypnosen dieses Kapitels bauen aufeinander auf.

Daher erzielen Sie die größten Effekte, wenn Sie phasenweise vorgehen, das heißt, wenn Sie erst ein Verfahren aus der jeweils vorangehenden der im Folgenden genannten vier Phasen ohne größere Anstrengung anwenden.

Die intensiven Tinnitus verändernden Selbsthypnosen der vierten Phase können überhaupt erst ihre Wirkungen vollbringen, wenn Sie sich auf einfache Weise tiefer entspannen können und schon eingehende Tranceerfahrungen in der dritten Phase gesammelt haben.

WICHTIG

Vorgehensweise in 4 Phasen:

1. *Entspannungseinstieg: Körperreise*
2. *Entspannungsvertiefung: Atementspannungen, progressive Muskelentspannung, autogenes Training und/oder wiederentdeckte Entspannungsressource*
3. *Selbsthypnose:*
   a) *Tranceeinleitung (durchsichtiger Ball, Trancetreppe oder schwebender Arm)*
   b) *Ruhebild*
   c) *Trancerückorientierung*
4. *vertiefende Selbsthypnosen*

Die Entspannungsübungen und Selbsthypnosen bauen aufeinander auf – behalten Sie darum die angegebene Reihenfolge bei

Maßgeschneiderte Entspannung

Mit Entspannung ist der Zustand gemeint, in dem der Mensch nervlich, körperlich und geistig auf Erholung „schaltet". Somit ist sie das Gegenteil zur täglichen körperlichen und psychischen Belastung, der wir alle mehr oder weniger stark ausgesetzt sind.

WICHTIG

Der Körper reagiert vielfältig auf den Übergang von Anspannung zu Entspannung. So wird unter anderem

- *die Körpermuskulatur lockerer*
- *die Durchblutung in den äußeren Körperbereichen verbessert*
- *die schnelle flache Atmung langsamer und tiefer (zur Energieanreicherung, wird auch „Bauchatmung" genannt)*
- *die Hirntätigkeit harmonisiert, sie reguliert sich in Richtung Ruhe und Konzentration.*

Der Körper wird durch diesen Zustand gestärkt, die Psyche ausgeglichener und gelassener, man nimmt Inneres und Äußeres bewusster und steuerbarer wahr und ist z. B. fähiger Probleme zu lösen. Erst in dieser Entspannung kann man wieder umfassender „in sich hineinhören" und die eigenen Gefühle und Bedürfnisse spüren, die einem sagen, wie man sein Leben wirklich führen will und was zu verändern ist, oder die einem die Erschöpfung anzeigen. In unserer schnelllebigen Zeit haben viele Menschen den Sinn und Zweck von Erholungszeiten missachtet und die Fähigkeit zur Entspannung verlernt. So ist es biologisch sinnvoll spätestens alle zwei Stunden eine Pause einzulegen. Die Folge ist, dass sich viele Menschen ständig erschöpft und „ausgebrannt" fühlen und chronische Beschwerden – wie auch Tinnitus, Hörsturz, Halswirbelsäulensyndrom, Zähneknirschen – extrem zunehmen. Um sich geistig und körperlich wieder zu erholen und gegen künftige Überlastung schützen zu können, muss man diese von der Natur mitgegebene Fähigkeit zur Entspannung durch psychologisch wirkende Verfahren gezielt wieder erlernen. Viele tinnitusbetroffene Menschen haben bereits vergeblich versucht, in Kursen Entspannung zu trainieren. Ein Standardentspannungsverfahren in einer gemischten Gruppe, in der nicht gezielt auf die Belange der Tinnitusbetroffenen eingegangen werden kann, ist meistens zum Scheitern verurteilt. Während des „Hineinhörens nach Innen" wird nämlich auch der Tinnitus vorerst deutlicher wahrgenommen als sonst. Dieses verstärkte Wahrnehmen der Ohrgeräusche kehrt sich erst später mit zunehmender Entspannungsfähigkeit in das Gegenteil um. Das gelingt am sichersten, wenn ein jeweils persönliches Entspannungsprogramm zusammengestellt wird, das „maßgeschneidert"

aus verschiedenen wissenschaftlich anerkannten Verfahren zusammengesetzt ist.
Stellen Sie sich die unterschiedlichen Verfahren mit ihren körperlichen und psychischen Ansatzpunkten einmal wie Zahnrädchen einer Uhr vor. Sie brauchen nur ein Rädchen kräftiger in Richtung Entspannung zu bewegen und alle anderen drehen sich mit. Vermutlich haben Sie es aber einfacher, wenn Sie mehrere Rädchen leicht in Richtung Entspannung bewegen.
Diese wissenschaftlich belegten Grundverfahren wurden für Sie aus tinnitusspezifischen Gründen und wegen der leichteren Erlernbarkeit abgewandelt.
Beginnen Sie bitte die „Rädchen" in der vorgegebenen Reihenfolge auszuprobieren, weil diese sich in der Praxis als sinnvoll erwiesen hat. Es geht aber weniger darum, dass Sie irgendein Verfahren bis zur Perfektion beherrschen, sondern dass Sie zu Ihrer eigenen ursprünglichen „von der Natur mitgegebenen Fähigkeit (= Ressource) zur Entspannung" zurückfinden. Darauf basiert die letzte Methode (*Wiederentdeckung der Ressource*), denn diese ursprüngliche Fähigkeit ist noch in Ihnen – wie bei jedem Lebewesen – als Ressource vorhanden. Dann brauchen Sie sich beispielsweise nur aufs Sofa zu setzen und können aus *sich* heraus umgehend wieder zum erholenden Ausgleich finden. Von Zeit zu Zeit sollten Sie aber diese Fähigkeit immer wieder mit den Entspannungsübungen „auffrischen" – besonders kurz vor anstehenden Stresssituationen wie Prüfungen, Vorträgen oder Bewerbungsgesprächen.
Im Übrigen stellen Entspannungsverfahren sehr effektive Ein- und Durchschlafhilfen dar und sie helfen, mit Selbsthypnose ungünstige, belastende Gedanken und Grübeleien zu überwinden. Mit einer verbesserten Entspannungsfähigkeit werden Sie auch unnötig unbewusst angespannte Muskeln bei alltäglichen Tätigkeiten wahrnehmen und können hier „Energie sparen". Vielleicht kennen Sie das: Beim Schreiben werden automatisch die ganzen Arme, der Nacken, der Rücken und sogar manchmal die Beine mit angespannt. Das Gehirn merkt dieses nun früher und meldet es Ihnen schneller zurück. Sie können dann schreiben, indem Sie vielleicht nur noch die Unterarm- und Schreibhandmuskeln benutzen. Mit der Zeit wird Ihre gesamte Muskulatur sogar wie eine Art „Frühwarnsystem" wirken können. Da in stressauslösenden Situationen schon sehr früh unbewusst bestimmte Muskelgruppen angespannt werden, kann Ihnen durch die erneuerte Empfindsamkeit des Gehirns schon bei leichtester Anspannung viel schneller bewusst werden, dass Stress besteht, als Sie es sonst bemerkt hätten. So können Sie frühzeitiger reagieren und die Stressbewältigungstechniken wirksamer anwenden. Zudem ist es generell wichtig zu betonen, dass Sie in der Zukunft Ihre wieder erlernte und optimierte Entspannung nicht nur in Pausen oder „im stillen Kämmerlein" durchführen, sondern direkt in den Situationen anwenden, in denen An-

Da durch Stress schon sehr früh bestimmte Muskelgruppen unbewusst angespannt werden, können Sie diese Verspannungen als „Frühwarnsystem" für sich nutzen

spannung entsteht. Beobachten Sie sich doch schon ab heute, in welchen Bereichen Ihres Lebens Entspannung hilfreich für Sie wäre! Dann können Sie neugierig sein, wann Sie es schaffen diese Situationen mit mehr Wohlgefühl zu erleben.

Die richtige Vorbereitung

Üben Sie möglichst im Sitzen. Es ist wichtiger sich im Sitzen entspannen zu können als nur im Liegen, auch wenn Letzteres leichter sein mag. In den meisten Stresssituationen hat man nicht die Möglichkeit sich hinzulegen, um entspannter zu bleiben! Sollten Sie die Übungen im Liegen als Einschlafhilfe anwenden, können Sie diese selbstverständlich so verändern, dass sie durchführbar sind.

Für den Erfolg der Therapie ist es wichtig, möglichst jeden Tag etwa 25 Minuten lang zu üben

Um mit Entspannung Ihr Leben bewußsster und aus einer verbesserten inneren Ruhe heraus günstiger und gesunderhaltender zu gestalten, ist es wichtig möglichst täglich etwa 25 Minuten zusammenhängend oder über den Tag verteilt zu üben. Aber als Motto gilt: „Lieber einige Minuten entspannen als gar nicht!“ Das abschnittsweise Vorgehen selbst innerhalb der einzelnen Verfahren ist wichtig um die Entspannung durch die hohe Wiederholungsrate der jeweiligen Übungen zu automatisieren. Dies bedeutet, dass Sie nach einiger Zeit nicht mehr lange nachzudenken brauchen, wie Sie die jeweilige Übung wirkungsvoll durchzuführen haben, es geht dann automatisch. Vielleicht erinnern Sie sich an die erste Zeit des Autofahrens. Da mussten Sie noch jedes Kuppeln und Schalten überlegt durchführen. Heute machen Sie das durch die regelmäßige Übung ganz automatisch, ohne nachzudenken. Genauso werden Sie sich später selbst in heiklen Stresssituationen etwas entspannen können und damit einen „klaren Kopf bewahren“.
Aber haben Sie bitte auch hier mit sich und den Verfahren etwas Geduld – Ihr Autofahren hat auch nicht gleich völlig sicher funktioniert. Ein weiterer Vorteil der schnellen automatisierten Entspannung ist, dass Sie selbst kürzeste Pausen effektiv zur Erholung nutzen werden.

WICHTIG

Tipps zum leichteren Einstieg in die Entspannung

- *Die richtige Einstellung: Lassen Sie sich einfach überraschen, was Sie jeweils erreichen können. Man kann keine Entspannung erzwingen! Außerdem wäre hier Leistungsdruck nun wirklich am falschen Platz!*
- *Gewohnheiten einrichten: Üben Sie anfangs regelmäßig zu einer festgesetzten Tageszeit oder im Zusammenhang mit einer täglichen Tätigkeit (z. B. vor den Nachrichten, nach dem Abwasch), in einem bestimmten Raum oder auf immer dem gleichen Sessel, Stuhl oder Sofa. So stellen sich bestimmte Gewöhnungseffekte zum schnelleren Entspannen von selbst ein.*

- *Entspannen Sie bewusst: Bleiben Sie während der Entspannung möglichst wach und bei klarem Bewusstsein (ausgenommen als Einschlafhilfe). Sollten Sie aus Versehen doch einmal einschlafen, ist das nicht weiter schlimm – es wäre allerdings ein Hinweis darauf, dass Sie über ihre Kraftgrenzen hinaus leben.*
- *Üben Sie nie mit vollem Magen oder großem Hungergefühl.*
- *Gegen Störungen, die von außen kommen: Hängen Sie ein Schild an die Tür (z. B. „Bitte nicht stören!") und legen Sie den Telefonhörer beiseite, damit niemand länger stört. Sollte Sie doch kurzfristig etwas stören wie z. B. ein Martinshorn, ein Hupen oder die Toilettenspülung des Nachbarn, so ist es nicht schlimm. Im Gegenteil: Ein kurzes Herausreißen aus der Entspannung schafft eine darauffolgende Vertiefung der Entspannung.*
- *Gegen Störungen durch eigene Gedanken: Oft ist es schon hilfreich, diese Gedanken auf einem zurechtgelegten Papier aufzuschreiben. Ansonsten sagen Sie sich innerlich: „Okay. Da sind Gedanken … Gedanken kommen … und gehen auch wieder … die Gedanken werden immer gleichgültiger … ganz gleichgültig … !", und kehren dann zur Entspannung zurück.*

WICHTIG

Jede Entspannungssitzung folgt einem einheitlichen Aufbau:
1. *Einleitungsübung*
2. *Signalübung*
3. *Anleitung der jeweiligen Entspannungstechnik*
4. *evtl. Kombination mit weiteren Entspannungs- oder Hypnoseanleitungen*
5. *Rückorientierungsübung*

Fortgeschrittene können die Einleitungsübung natürlich weglassen und jeweils sofort mit der Signalübung beginnen.

Einleitungsübung

Zu Beginn eines Entspannungstrainings ist es sinnvoll die Übungen folgendermaßen einzuleiten:

Und nun kann ich es mir ruhig noch bequemer machen … Vielleicht die Arme seitlich vom Körper und die Beine in angenehmer Weise nebeneinander … Wenn mich etwas drückt oder einengt, ändere ich es einfach! … Es ist gut zu wissen, dass ich während der gesamten Übung jederzeit gähnen, mich kratzen oder räuspern darf, ohne dass es stört. Ich kann meinen Kopf anlehnen oder aber ihn aufrecht lassen, wobei ich aber Acht gebe, dass weitestgehend die Hals- und Nackenmuskeln entspannt bleiben. Das schaffe ich, indem der Kopf auf dem oberen Ende der Wirbelsäule von mir „ausjongliert" wird – so wie es chinesische Artisten mit Tellern auf ihren Bambusstäben tun. Durch leichtes Krei-

sen der Wirbelsäule kann ich den Schwerpunkt des Kopfes finden. Ich erreiche damit nach kurzer Zeit genau die Stellung des Kopfes, in der möglichst viel Nacken- und Halsmuskeln entspannt bleiben, und kann trotzdem, wie man so schön sagt, „den Kopf aufrecht auf den Schultern halten“ …

Signalübung

Die Signalübung ist besonders wichtig, weil sie nach einiger Zeit wie ein Signal die Entspannung automatisiert auslöst. Genauso brauchen Sie bei der roten Ampel gar nicht mehr zu überlegen, Sie stoppen automatisch.

Durch die Signalübung wird nach einiger Zeit die Entspannung ganz automatisch ausgelöst

… Und nun spüre ich, wie die Füße den Boden berühren, … der einem jederzeit Halt, Stabilität und Sicherheit bietet, wann immer ich es brauche … Und ich nehme wahr, wie das Gesäß und die Unterseiten der Oberschenkel die Sitzfläche berühren … In einer leichten angenehmen Schwere, die sich entwickeln mag, … nehme ich einfach wahr, wie der Oberkörper gehalten wird, … wie sich vielleicht die Rückenlehne an den Schulterblättern anfühlt … und wie Arme und Hände eine angenehme Position gefunden haben … Und wenn die Augen sich entschlossen haben geschlossen zu bleiben, genieße ich einfach die innerliche Abgeschlossenheit als eine angenehme, erste wohltuende Entspannung, … als meine Wachheit nach innen, … die ich für mich nutzen kann …

Rückorientierungsübung

Beenden Sie bitte außer als Einschlaftechnik jedes Training mit der Rückorientierungsübung, damit Sie wieder Ihren Kreislauf „in Gang bringen“ und Sie Ihre ungeteilte Aufmerksamkeit wieder vollständig dem äußeren Geschehen widmen können.

… Und nun zum Abschluss orientiere ich mich nach außen direkt in die Zeit und den Raum zurück – möglicherweise durch das feste Anspannen der Fäuste, durch kräftiges Strecken und Rekeln der Arme und Beine, mehrfaches tiefes Einatmen und das Öffnen der Augen. Oder ich mache es jetzt einfach genauso, wie ich morgens aufstehe. Und die Frische, Erholung, Ruhe, innere Sicherheit und Zuversicht nehme ich dabei einfach mit in den Alltag! …

Eine Reise durch den Körper

Für dieses Verfahren brauchen Sie keine Vorkenntnisse und es ist kein vorausgehendes Training nötig um erste Entspannungseffekte zu erzielen.

Ziele

Der gesamte Organismus stellt sich mit der Zeit sehr zügig in gewissem Maße auf Entspannung um und Ihre Aufmerksamkeit wird auf den körperempfindenen Wahrnehmungskanal gelenkt.

Prinzip

Allein durch die Bündelung Ihrer Aufmerksamkeit auf das, was sich im Körperempfinden abspielt, wird sich mit der Zeit ihre Entspannung von alleine einstellen. Sie brauchen sich nur erlauben, es zuzulassen.

Anleitung

... Und nun achte ich auf den Körper, gehe mit den Gedanken und Gefühlen in den Körper und fühle mich mehr und mehr wohl ... ganz einfach wohl, lasse es zu, dass es mir gut geht ... Die Aufmerksamkeit lenke ich nun hinunter zu meinem rechten Bein, zum rechten Fuß, zu den Zehen, ... ich nehme den großen Zeh wahr, den zweiten Zeh, den mittleren Zeh, den Zeh rechts daneben und den kleinen Zeh, ... die Fußsohle nehme ich wahr, die Oberseite des Fußes, das Fußgelenk, ... den Unterschenkel mit dem Wadenbein und dem Schienbein, das Knie, den Oberschenkel ... und nun wandere ich zur rechten Hüfte, zur rechten Gesäßhälfte, ... lenke meine Aufmerksamkeit auf meinen After und meine Geschlechtsorgane, ... dann gehe ich weiter zur linken Gesäßhälfte, zur linken Hüfte ... und nun zum linken Bein hinunter, zum linken Fuß, zu den Zehen, ... den großen Zeh nehme ich wahr, den zweiten Zeh, den mittleren Zeh, den Zeh links daneben und den kleinen Zeh, ... die Fußsohle nehme ich wahr, die Oberseite des Fußes, das Fußgelenk, ... den Unterschenkel mit dem Wadenbein und dem Schienbein, das Knie, ich gehe weiter zum linken Oberschenkel ... und wandere mit der Aufmerksamkeit weiter hinauf zur Hüfte bis wieder zur linken Gesäßhälfte ... und weiter zum Ende der Wirbelsäule, zum Steißbein ... und dann wandere ich langsam mit der Aufmerksamkeit so gut ich es eben kann Wirbel für Wirbel hoch ... in der Kreuzgegend, ... dann die Wirbel der Lendengegend, ... Wirbel für Wirbel im Brustbereich, ... die Halswirbel, ... und dann nehme ich den gesamten Nacken wahr ... Und nun reise ich durch die rechte Schulter zum rechten Arm, zur rechten Hand, ... ich nehme den Daumen wahr, den Zeigefinger, den Mittelfinger, den Ringfinger und den kleinen Finger, ... die Innenseite der Hand, die Außenseite der Hand, das Handgelenk, ... den Unterarm, ... den Ellenbogen, den Oberarm, ... die rechte Schulter und die gesamte rechte Schulter-Nacken-Partie ... Nochmals empfinde ich den Nacken, mit der Muskulatur rechts und links der Halswirbelsäule ... Und nun gehe ich weiter zur linken Schulter bis hinunter zum linken Arm, zur linken Hand, ... auch dort nehme ich den Daumen wahr, den Zeigefinger, den Mittelfinger, den Ringfinger, und den kleinen Finger, ... die Innenseite der Hand erspüre ich nun noch genauer, ... und wenn ich hier ein leichtes Kribbeln und vielleicht sogar etwas Wärme verspüre, braucht es mich nicht zu beunruhigen, es ist ein gutes Anzeichen für tiefe Entspannung ... Ich wandere weiter zur linken Handaußenseite, dem Handgelenk, dem Unterarm, dem Ellenbogen, dem Oberarm, wieder die linke Schulter und die gesamte linke Schulter-Nacken-Partie ... Ich nehme nun nochmals den Nacken wahr, vom Schulteransatz bis hinauf zum Schädelansatz ... und dann wandere ich den Kopf hinauf ... vom Nacken zur Kopfhaut, da wo die Haare wachsen, und zur Stirn, die ruhig glatt und entspannt sein kann, nun nehme ich die Augenbrauen wahr, die Augenlider, die locker auf den Augen liegen können, die Nase mit ihren Nasenflügeln nehme ich

Bei dieser „Körperreise“ richten Sie Ihre Aufmerksamkeit gezielt auf das Körperempfinden – eine Entspannung stellt sich fast von alleine ein

wahr, und die Wangen, die auch ruhig glatt und entspannt sein dürfen, den Mund mit der Oberlippe und der Unterlippe, der ruhig leicht geöffnet sein kann, den Unterkiefer, der ruhig ein Stück hängen gelassen werden darf, und nehme den Hals wahr, ... und jetzt gehe ich abschließend weiter mit der Aufmerksamkeit zum Brustkorb und dann zum Bauch ... Ich kann die Bewegung der Bauchdecke spüren, die sich hebt und senkt mit jedem Ein- und Ausatmen, es atmet ganz von allein, ruhig und gleichmäßig, der Körper entspannt und erholt sich dadurch ... und ich durchspüre ruhig noch einmal den ganzen Körper von unten nach oben oder auch anders, das ist egal ... und ich fühle einfach einmal, wo vielleicht die Körperbereiche sind, in denen schon eine tiefere Entspannung eingetreten ist ... und lenke noch mehr meine Aufmerksamkeit dorthin ... und genieße die Entspannung, die sich ausbreiten kann ... immer mehr und mehr ausbreitet ... in meinem ganzen Körper ... (Pause) ...

Atementspannungen

Auch durch verschiedene Atemübungen können Entspannungsreaktionen ausgelöst werden

Die Atementspannungen lehnen an die fernöstlichen Atemmeditationen des Zen-Buddhismus an.
Eingehend beforscht wurden sie in den 70er Jahren von dem berühmten nordamerikanischen Herzspezialisten Benson.
Ein langsames und rhythmisches Atmen mit Betonung der tiefen Ausatmung soll erreicht werden, um eine Entspannungsreaktion auszulösen.

Ziele

Durch die bewusst wahrgenommene Atmung ist es fast unmöglich, dass häufig störende und Stress fördernde Gedanken in das Bewusstsein treten, vielmehr erreichen Sie damit einen freien Kopf.
Das verlängerte tiefere Ausatmen wirkt besonders beruhigend auf Ihre körperlichen und psychischen Vorgänge. Es wird vom Gehirn als Zeichen bewertet, dass keine Gefahr herrscht und der Körper nervlich auf Erholung geschaltet werden kann. Zudem hat diese Atmung den Vorteil, dass statt des Luftaustausches der Stressatmung, der ausschließlich in den oberen Lungenbereichen abläuft, nun vermehrt ein Luftaustausch in den unteren Lungenbereichen vollzogen wird.
Da circa 80 Prozent der Sauerstoffaufnahme im Blut aus der eingeatmeten Luft in den unteren Lungenbereichen stattfindet, wird nun wesentlich mehr Energie aufgenommen und die erhöhte Sauerstoffsättigung fördert die Regenerationsfähigkeit des gesamten Organismus. Sollte Ihnen anfänglich etwas schwindelig sein, wäre das nicht weiter schädlich. Das Gehirn muss sich dann erst noch an das ungewohnte, aber gesunde Maß an Sauerstoff gewöhnen. Vorstellbar wäre auch, dass das Innenohr durch den wieder normalisierten Sauerstoffgehalt des Blutes im Sinne einer Hörsturzvorsorge davon profitiert. Seien Sie neugierig, wie Sie sich allgemein entspannt, erfrischt und gestärkt durch die Atementspannungen fühlen werden.

Prinzip

Das bei Stress in Alarmzustand versetzte sympatische Nervensystem können Sie mit der „Atementspannung 1" auf besonders leichte Weise – ohne aktive Beeinflussung des Atmens durch den Willen – allein durch die Art unserer Atmungswahrnehmung ansatzweise wieder normalisieren und beruhigen. Sie verstärken diesen Effekt in der „Atementspannung 2". Hier wird das Atmen indirekt durch bildhafte Vorstellungen von Zahlen günstig verändert. Durch die „Atementspannung 3" wird das Atmen aktiv mit Hilfe einer Zähltechnik beeinflußt, was zur weiteren Entspannungsvertiefung führt.

Durchführung

Wichtig zu beachten ist, dass Sie durch die Nase einatmen und durch den Mund wieder ausatmen. Beginnen Sie die erste Woche mit der täglichen „Atementspannung 1". In der zweiten Woche ergänzen Sie sie durch die „Atementspannung 2". In der dritten Woche können Sie die drei Übungen nacheinander machen. Mit der Zeit können Sie dann die Übungen 1 und 2 verkürzen. Dann haben Sie mit der „Atementspannung 3" ein hochwirksames und schnelles Entspannungsmittel selbst in starken Stresssituationen.

Anleitungen

Atementspannung 1

... Und nun nehme ich bewusst meinen Atem wahr ... Was fällt mir am meisten auf? ... Ich kann meinen unteren Brustraum spüren, der sich beim Ein- und Ausatmen nach unten in den Bauchraum ... und seitlich leicht gegen die unteren Rippen ausdehnt und wieder zurückzieht ... Ein Kommen und Gehen ... wie der ewige Wechsel der Gezeiten, ... wie Ebbe und Flut ... (Pause) ... Vielleicht richte ich meine Aufmerksamkeit dann auf das Heben und Senken der Bauchdecke. Ich beobachte die Bewegungen des Bauches im Rhythmus des Atems ... Ich spüre, wie sich mein Bauch beim Atmen vor- und zurückwölbt. Ich nehme die Empfindungen der Bewegung des Bauches beim Atmen wahr ... Das Auf und Ab ... Wenn ich innerlich gedanklich abschweife oder durch Geräusche – ob innen oder außen – abgelenkt werde, bringe ich meine innere Achtsamkeit immer wieder zu den Empfindungen im Bauchraum zurück ... Der Atem wird nicht mit dem Willen gesteuert. Er kann weiterhin frei fließen ... (Pause) ... Es atmet ganz von allein ... Und es tut so gut zu wissen, dass ich mit jedem Einatmen frischen Sauerstoff, Energie und Ruhe aufnehme ... und mit jedem Ausatmen verbrauchte Luft, Erschöpfung und Unruhe wieder abgebe ... (Pause) ... Gut, und nun kann ich meine Aufmerksamkeit einmal auf die Nase lenken. Ich nehme ganz bewusst meine Empfindungen von der Nasenspitze bis in den Nasenrachenraum wahr, wenn die Atemluft durch die Nasenlöcher hereinkommt und wieder hinausströmt ... Wie unterscheidet sich meine Wahrnehmung der Einatmung von der der Ausatmung? ... Viele Leute meinen, die Luft beim Einatmen sei kühler oder leichter und die Luft beim

Die beschriebenen Atementspannungen haben einen beruhigenden und normalisierenden Effekt auf das sympathische Nervensystem

Die Durchführung der Atementspannungen 2 und 3 führt zu einer Vertiefung der Entspannung

Ausatmen sei wärmer oder schwerer. Es ist vollkommen belanglos, was die anderen Leute denken … Mein Erleben nehme ich wichtig und ernst … und ich spüre weiterhin meinen Atem … (Pause) … Und wenn störende Gedanken versuchen, in mein Bewusstsein zu treten, sage ich mir, „aha, da ist ein Gedanke gekommen. Okay … und der geht auch wieder! … Ein Gedanke, der wie ein Atemzug kommt und auch wieder geht! …" und bringe mich damit immer wieder sanft zu den Empfindungen des Atmens zurück … Gut ist es, wenn ich beim Atmen die Empfindungen in der Nase, im Bauch und im unteren Brustbereich zugleich spüren kann … So ist mein Bewusstsein ganz auf das Atmen konzentriert … Nichts stört mich … Der Körper kann mehr und mehr zur Ruhe kommen … Mein Kopf wird immer klarer und klarer … ganz klar … Und wenn ich mag, lasse ich mich einfach in das Ausatmen mit Seufzen oder Stöhnen hineinfallen … und erlaube mir, das so richtig zu genießen, … mich in die Ruhe und Entspannung selbstständig immer tiefer und tiefer zu versenken … (Pause) …

Atementspannung 2

Bei dieser Entspannungsübung zählen Sie das Ausatmen. Jedes Ausatmen eine Zahl weiter – von eins bis zehn. Beim elften Ausatmen beginnen Sie wieder bei eins und so weiter. Die jeweilige Zahl, die Sie zählen, stellen Sie sich innerlich bildlich vor. Die Zahlen können aussehen wie Hausnummern, Countdownnummern im Kinovorspann, als hätten Sie sie mit den Zehen in den Sand geschrieben, als wären sie in Blumen gelegt oder in eine Hecke geschnitten, als würde ein kleines Flugzeug sie in den Himmel schreiben oder wie auch immer. Sollten Sie Schwierigkeiten bei der bildhaften Vorstellung haben, können Sie die Zahlen auch bei jedem Ausatmen mit Ihren Augenbewegungen langsam in die Mitte Ihrer inneren Stirnseite schreiben.

Atementspannung 3

Durch diese Übung erreichen Sie schnell, dass Sie günstig ungefähr doppelt so lange ausatmen wie Sie einatmen. Beginnen Sie während des Einatmens gleichmäßig zu zählen. Beim Ausatmen zählen Sie dann eine Zahl weiter. Gleichen Sie die Atemgeschwindigkeit dem verlängerten Zählen an oder atmen Sie im Zählrhythmus stoßweise aus. Also zählen Sie beispielsweise beim Einatmen bis drei, so zählen Sie vorerst beim Ausatmen bis vier. Nachdem Sie das mehrfach wiederholt haben, zählen Sie beim Ausatmen bis fünf und später dann bis sechs. Damit atmen Sie dann doppelt so lange aus. Diesen Atemrhythmus behalten Sie ein paar Minuten bei, bis er ohne willentlichen Einfluss bestehen bleibt. Sollten Sie beim Einatmen bis vier gezählt haben, müssten Sie mit der Zeit beim Ausatmen bis acht kommen, bei fünf bis zehn und so weiter. Zum gleichmäßigen Zählen setzen Sie ein „Tausend-" vor die Zahl, so haben Sie ungefähre Sekundeneinheiten. Von besonderer Wichtigkeit ist aber, dass Sie beim verlängerten Ausatmen ohne viel Anstrengung möglichst viel Luft aus den Lungen herausbefördern.

Progressive Muskelentspannung

Dieses Verfahren wurde in den 30er Jahren in den USA von Dr. Jacobson entwickelt. Die progressive (= voranschreitende) Muskelentspannung ist eine sehr schnell und leicht erlernbare Methode, um tiefe Entspannung zu erzeugen.

Ziele

Die progressive Muskelentspannung (im Folgenden PM genannt) ermöglicht Ihnen durch systematisches An- und Entspannen verschiedener Muskelgruppen, die begleitenden Körperempfindungen genauer zu spüren. Dadurch unterscheiden Sie bewusster „Anspannung“ und „Entspannung“, was für den Abbau fast aller Verspannungen notwendig ist. Für viele Menschen ist nach Zeiten der Daueranspannung die natürliche Regulation im Nervensystem „verstellt“. Die PM eignet sich sogar besonders gut zur praktischen Stressbewältigung direkt in Stress auslösenden Situationen.

Prinzip

1. *benannte Muskeln anspannen*
2. *Muskeln möglichst mit geschlossenen Augen genau fühlen und normal weiteratmen*
3. *bei beliebigem Ausatmen gedanklich „LOSLASSEN“ zu sich sagen und gleichzeitig Muskeln entspannen*
4. *entspannte Muskeln spüren und Unterschiede zur Anspannung wahrnehmen*
5. *Entspannung vertiefen*

Für die Dauer des Anspannens und Entspannens sowie für die Kraft des Anspannens gibt es kein „richtig“ oder „falsch“. Entdecken Sie Ihren eigenen Stil der Entspannung, der Ihnen am meisten liegt. Es ist allerdings besser, nur leicht oder kurzzeitig anzuspannen und mehr die Entspannung zu betonen, damit das Lernziel Entspannung im Gehirn „hängen bleibt“. Sehr günstig ist es, wenn Sie beim „LOSLASSEN“-Sagen etwas tiefer ausatmen. Das Wort „LOSLASSEN“ kann aber durch jedes beliebige andere Wort ersetzt werden, obwohl ein Wort wie „LOSLASSEN“ auf Grund der autosuggestiven (= selbstbeeinflussenden) Wirkung das „Abschalten“ von belastenden Gedanken und Gefühlen besonders unterstützt. In psychologischen Hochleistungssportler- und Managertrainings lernen die Teilnehmer bei längerem intensiven PM-Training, in Stress auslösenden Situationen innerlich nur noch „LOSLASSEN“ zu sagen und sich dann in Sekundenschnelle automatisch tief zu entspannen um damit ihre Leistungsfähigkeit aufrechtzuerhalten.
Es könnte hilfreich sein einige Übungen zunächst vor dem Spiegel auszuprobieren, um sie dann leichter umsetzen zu können. Sie dürfen die Übungen auch etwas abwandeln. Strengstens zu beachten ist bei der PM lediglich, dass Sie während des Anspannens *weiteratmen und die Lippen leicht geöffnet* haben. Sollte beim Anspannen ein Schmerz auftreten, spannen Sie beim nächsten Mal einfach diese Muskelgruppe weniger an, sodass *kein Schmerz* mehr auftritt.

Die progressive Muskelentspannung ist eine leicht erlernbare Entspannungsmethode, die sich gerade in stressauslösenden Situationen sehr bewährt hat

Nach etwa zehn Wochen tritt die Entspannung bereits dann ein, wenn Sie einen Muskel nur ganz kurz spüren und sich gedanklich „Loslassen" sagen

Durchführung

Für die Trainingsplanung beachten Sie bitte:

- ***Die ersten sechs Wochen:*** Die siebzehn Übungen sind in sechs Abschnitte unterteilt. Trainieren Sie pro Woche jeweils die Übungen eines Abschnitts und auch – aber weniger – die der anderen. Vertiefen Sie Ihre Entspannung vorzugsweise mit der inneren Vorstellung Ihres persönlichen Ruhebildes (siehe Seite 72), das auch wechseln darf, und lassen Sie die Übungen damit ausklingen
- ***Die siebte bis zehnte Woche:*** Führen Sie nun alle Übungen mit immer weniger Anspannung und immer zügiger durch, wobei Sie die Entspannungswellenübung während Ihrer inneren Ruhebildvorstellung intensivieren.
- ***Danach:*** Spüren Sie nur noch kurz die Muskeln ihres Körpers wie in der „Reise durch den Körper" und sagen Sie sich gedanklich „LOSLASSEN" um dann die wellenartige Entspannung eintreten zu lassen.

Anleitung

Führen Sie die folgenden PM-Übungen aus und ergänzen Sie die ersten sechzehn Übungen mit diesen Worten:

Ergänzungstext zu den einzelnen PM-Übungen

... Ich atme dabei weiter und nehme nun die angespannten Muskeln wahr. Wie fühlen sie sich an? ... Und bei irgendeinem etwas kräftigerem Ausatmen in meinem Atemrhythmus sage ich selbst innerlich das Wort „LOSLASSEN" zu mir und entspanne gleichzeitig die Muskeln. Einfach „LOSLASSEN"! ... Immer weiter „LOSLASSEN"! ... Nun ganz genau die Muskeln in ihrem entspannten Zustand wahrnehmen. Wie fühlen sie sich jetzt an? ... Okay, und ruhig noch ein Stückchen weiter entspannen ... Einfach „LOSLASSEN"! ... (Pause) ...

Progressive Muskelentspannung

I. Abschnitt

1. Beinmuskulatur A

Fußspitzen hochziehen, Hacken in den Boden drücken und Gesäßhälften locker lassen.

2. Beinmuskulatur B

Zehen „in den Boden krallen", Hacken abheben und sich mit den Fußspitzen vom Boden abdrücken, als wolle man sich mit dem Sitzmöbel nach hinten kippen (kein zu starkes Hohlkreuz machen!).

3. Beckenbodenmuskulatur

Gesäßhälften zusammenziehen, After einziehen (als hätte man Durchfall) und den Blasenschließmuskel fester schließen.

II.Abschnitt

4. Bauchmuskulatur A

Bauchdecke zur „schlanken Taille" einziehen.

5. Bauchmuskulatur B

Bauchdecke zur „Kugel" herausdrücken.

6. Bauchmuskulatur C

Bauchdecke zum „Brett" werden lassen (als würde man einen kleinen Fausthieb in die Magengegend reflexhaft abwehren – probieren Sie es etwas aus!).

*7. **Brustkorbmuskulatur***
Brustmuskeln anspannen wie „Tarzan".
*8. **Rückenmuskulatur***
Schultern zurücknehmen, indem die Schulterblätter zusammen- und ein Stück nach unten gezogen werden sowie im unteren Rückenbereich ein nur leichtes Hohlkreuz bilden, bis die zwei Muskelstränge links und rechts von der unteren Wirbelsäule spürbar sind.

III. Abschnitt
*9. **Armmuskulatur A***
Drei Teilübungen nacheinander durchführen:
a) Fäuste ballen.
b) überstreckte Hände nach oben winkeln (obere Seite des Unterarms ist angespannt).
c) Hände mit angespanntem Ballen nach unten winkeln (untere Seite des Unterarms ist angespannt).
*10. **Armmuskulatur B***
Vorderseite der Oberarme anspannen (bei lockeren Händen und Schultern).
*11. **Armmuskulatur C***
Erst Haltung einnehmen: Handflächen locker aneinander legen (Fingerspitze an Fingerspitze – wie Dürers „Betende Hände"), Arme ausstrecken (als wolle man kopfüber ins Schwimmbecken springen), dann die Hände zwischen die Knie nehmen und ungefähr einen Zentimeter Luft zwischen den Handflächen entstehen lassen. Und nun zur Anspannungsübung: Mit ganz durchgedrückten Armen und überstreckten Fingern die Handaußenseiten gegen das jeweilige Knie drücken (als wolle man mit den Armen ausholen um wie ein Vogel loszufliegen). Dabei noch den Nacken strecken und die Schultern unten lassen.

IV. Abschnitt
*12. **Nacken- und Schultermuskulatur***
Schultern in Richtung Ohrläppchen hochziehen (Kinn dabei unten lassen!).
*13. **Nacken- und Halsmuskulatur A***
Hals- und Nackenmuskeln gleichzeitig so anspannen, als drücke man die Stirn gegen eine unsichtbare Wand direkt vor dem Kopf (Kinn dabei unten lassen!).
*14. **Nacken- und Halsmuskulatur B***
Nacken- und Halsmuskeln gleichzeitig so anspannen, als drücke man mit dem unteren Teil des Hinterkopfes gegen eine unsichtbare Wand oder Autonackenstütze (aber nicht gegen eine reale Rückenlehne oder Wand drücken; Kinn dabei unten lassen!).

V. Abschnitt
*15. **Gesichtsmuskulatur A***
„Spitzes Gesicht": Augen zusammenpressen (als dränge Schampoo in die Augen), Augenbrauen „böse" herunter- und zusammenziehen, Nase rümpfen (wie ein Häschen oder als würde es stinken) und spitzen Kussmund formen, wobei der Mund zur leichteren Atmung ein klein wenig als „Ring" geöffnet bleibt.
*16. **Gesichtsmuskulatur B***
„Breites Gesicht" oder „teuflisches Grinsen": Augenbrauen hochziehen, Nasenlöcher öffnen (wie die Nüstern eines Pferdes), Backenzähne aufeinander beißen (nicht zu fest!) und Zungenspitze ungefähr zwei Zentimeter hinter den Schneidezähnen gegen den Gaumen drücken.

Trainieren Sie während der ersten sechs Wochen in jeder Woche jeweils einen Abschnitt etwas intensiver als die anderen

VI. Abschnitt

Übungen 1.) bis 16.) zügig durchführen und dann die

17. Entspannungswellenübung

… Zum Abschluss durchspüre ich nun ruhig noch einmal meinen ganzen Körper. Vielleicht von oben nach unten oder von unten nach oben oder auch anders … … … Ich fühle ganz genau, wo sich mein Körper besonders wohl anfühlt und wo ich schon Entspannung erwirkt habe. Ausgezeichnet, und auch wenn es komisch klingen mag: Ich schicke von da aus auch Entspannung in die Körperbereiche, die noch nicht so gut entspannt sind … Denn das geht! Es kann wie von selbst dahinströmen, fließen oder wie auch immer! … … … Und wenn ich es mag, kann ich ruhig noch mehrfach mit einem ausgedehnten und lauteren Ausatmen, während ich innerlich zu mir „LOSLASSEN" sage, eine Welle strömender Entspannung durch meinen gesamten Körper fließen lassen – von der Kopfhaut bis zu den Füßen, oder auch umgekehrt, ich weiß es nicht, das ist auch wirklich gar nicht so wichtig … … … Und früher oder später ist es ganz leicht und zügig möglich nach einem innerlich zu mir gesagten „LOSLASSEN" diese Entspannungswelle zu fühlen … als ein wohltuendes Strömen, ein gasartig sich ausbreitendes Entspannungsgefühl oder ein Entspannungsschauer, der den Körper durchzieht oder auch anders … angenehm wahrzunehmen und die genesende Wirkung zu genießen …

Nach längerem intensiven PM-Training lässt sich oft in Sekundenschnelle eine tiefe Entspannung erreichen

Autogenes Training

Das autogene Training (im Folgenden ‚AT' genannt) ist ein von dem Berliner Arzt Dr. J. H. Schultz Ende der 20er Jahre aus der Hypnose entwickeltes Entspannungsverfahren und stellt einen ersten, einfach strukturierten Zugang zur Selbsthypnose dar.

Ziele

Mit dem autogenen Training gewinnen Sie die Fähigkeit durch formelhafte Sätze Ihre konzentrierte Aufmerksamkeit so auf sich zu lenken, dass bestimmte von Schultz aus der Hypnoseforschung entwickelte körperliche Entspannungsvorgänge eintreten:

WICHTIG

- *Erlebnis „innerer Ruhe" im Gegensatz zur Nervosität (Ruheübung)*
- *entspannte Muskulatur (Schwereübung; erleben Sie die Muskelentspannung eher als Leichtigkeit, dann ersetzen Sie „schwer" durch „leicht" in den Übungsanweisungen)*
- *verbesserte Durchblutung infolge von Gefäßerweiterungen (Wärmeübung)*
- *ruhige und regelmäßige Atmung (Atemübung)*
- *Anregung der Verdauungsorgane und Entspannung des Zwerchfells, der Bauchdecke und der Beckenbodenmuskulatur (Bauchübung)*

- *Entspannung im Brustbereich, vermutlich Erweiterung der Herzkranzgefäße (Herzübung)*
- *klarer Kopf sowie „Wachheit“ und Konzentration bei gleichzeitiger tiefer Körperentspannung (Kopfübung)*

Prinzip

Menschen haben die Fähigkeit sich Körperempfindungen, Gefühle und sprachliche oder bildhafte Gedanken so klar und deutlich innerlich vorzustellen, dass sie körperlich darauf reagieren. So können Sie sich beispielsweise mit geschlossenen Augen eine gelbe Zitrone vorstellen. Sie wird geschält und aufgeschnitten, sodass Sie die weiße Schalenhaut und das gelbe Fruchtfleisch sehen. Der saure Geruch drängt sich Ihnen möglicherweise schon auf. Nun stellen Sie sich vor, Sie beißen herzhaft in die Zitrone hinein. Und nun nehmen Sie einmal wahr, was sich in der Realität in Ihrem Mund abspielt. Höchstwahrscheinlich sammelt sich vermehrt Speichel an! Vielleicht verzieht sich auch etwas die Muskulatur der Zunge und des Mundes.

Diese gedankliche Beeinflussbarkeit macht man sich beim autogenen Training zur Herstellung eines Entspannungszustandes zu Nutze. Mit kurzen, auf bestimmte Entspannungsaspekte hin ausgerichteten autosuggestiven (selbstbeeinflussenden) Sätzen, auf die Sie sich innerlich einstellen, beeinflussen Sie sich selbst so, dass diese Aspekte langsam real eintreten.

Diese innerlich gesprochenen Sätze können Sie durch individuelle bildhafte Vorstellungen – ähnlich wie bei der Zitrone – gut unterstützen.

WICHTIG

So können Sie sich vielleicht jeweils Folgendes bildlich vorstellen:

- *Ruheübung: Sie sind allein in einer schönen ruhigen Landschaft oder angenehm in eine Wolke aus Watte gepackt.*
- *Schwereübung: Sie kommen gerade aus dem Wasser oder haben Gewichte an den Gliedmaßen. (Bei Leichtigkeitsempfindungen: Sie sind leicht wie eine Feder oder haben Heliumluftballons an Armen und Beinen und schweben.)*
- *Wärmeübung: Sie liegen angenehm in der Sonne oder bekommen Rotlichtbestrahlung.*
- *Atemübung: Sie verbinden den Atem mit den ankommenden und sich zurückziehenden Wellen am Strand oder mit einem Blasebalg.*
- *Bauchübung: Sie haben eine Wärmflasche auf dem Bauch oder haben gerade einen Schnaps getrunken.*
- *Herzübung: Sie verbinden das Herz mit einer robusten, gut geölten Pumpe.*

Ruheübung:
Sie sind allein in einer schönen ruhigen Landschaft

- *Kopfübung: Sie haben auf der Stirn einen angenehm kühlenden Waschlappen liegen oder nehmen den leichten, kühlenden Luftzug vom offenen Fenster an der Stirn wahr.*
- *Tinnitusgleichgültigkeitsübung: Sie stellen sich das geschriebene Wort Tinnitus bunt oder in Blumen gelegt vor.*

Durchführung

Trainieren Sie die acht Übungen nacheinander. Erst wenn Sie Wirkungen der jeweils vorangehenden Übung spüren, gehen Sie zur nächsten Übung weiter.

Führen Sie die Übungen aber mindestens ein- bis zweimal täglich für eine Woche durch. Dabei kommt es nicht darauf an diese Selbstsuggestionen wie „Zauberformeln" beizubehalten. Wenn Sie etwas stört, wandeln Sie sie einfach für sich ab. Auch wie häufig Sie sie sich suggerieren, können Sie abwandeln. Wichtig ist dabei nur, dass Sie Ihre innere Achtsamkeit auf sich selbst lenken und sich pro positiv formulierte Zielvorstellung mindestens ungefähr eine Minute selbst beeinflussen.

Anleitung

1. Ruheübung
Im Anschluss an eine beherrschte Entspannungsübung Ihrer Wahl suggerieren Sie sich:
Ich bin ruhig … gelöst … und entspannt … (6x)
Nach letzter Ruheübung die Rückorientierungsübung.

2. Schwereübung
Der rechte Arm … wird schwer … angenehm schwer … (6x)
Ich bin ruhig, … gelöst … und entspannt … (1x nach jedem Wechsel der Suggestion)
Der linke Arm … wird schwer … angenehm schwer … (6x)
Das rechte Bein … wird schwer … angenehm schwer. (6x)
Das linke Bein … wird schwer … angenehm schwer … (6x)
Der Kiefer … hängt locker … und schwer … (6x)
Der ganze Körper … wird schwer … angenehm schwer … (6x)
Nach letzter Ruheübung die Rückorientierungsübung.

3. Wärmeübung
Die Arme … werden schwer … angenehm schwer … (6x)
Ich bin ruhig, … gelöst … und entspannt … (1x nach jedem Wechsel der Suggestion)
Die Beine … werden schwer … angenehm schwer … (6x)
Der ganze Körper … wird schwer … angenehm schwer … (6x)
Der rechte Arm … wird warm … wohlig warm … (6x)
Der linke Arm … wird warm … wohlig warm … (6x)
Das rechte Bein … wird warm … wohlig warm … (6x)
Das linke Bein … wird warm … wohlig warm … (6x)
Der Nacken und die Schultern … werden warm … wohlig warm … (6x)
Der ganze Körper … wird warm … wohlig warm … (6x)
Nach letzter Ruheübung die Rückorientierungsübung.

Gehen Sie erst dann zur nächsten Übung über, wenn Sie die Wirkungen der vorangegangenen spüren

Es kommt bei den Übungen nicht darauf an, die Selbstsuggestionen Wort für Wort beizubehalten – wenn Sie etwas stört, wandeln Sie es ab

*4. **Atemübung***
Der ganze Körper ... wird schwer ... angenehm schwer ... (3x)
Ich bin ruhig, ... gelöst ... und entspannt ... (1x nach jedem Wechsel der Suggestion)
Die Arme ... werden warm ... wohlig warm ... (6x)
Die Beine ... werden warm ... wohlig warm ... (6x)
Der ganze Körper ... wird warm ... wohlig warm ... (3x)
Der Atem ... wird ruhig ... und gleichmäßig ... (6x)
Nach letzter Ruheübung die Rückorientierungsübung.

*5. **Bauchübung („Sonnengeflecht“)***
Der ganze Körper ... wird schwer ... angenehm schwer ... (3x)
Ich bin ruhig, ... gelöst ... und entspannt ... (1x nach jedem Wechsel der Suggestion)
Der ganze Körper ... wird warm ... wohlig warm ... (3x)
Der Atem ... wird ruhig ... und gleichmäßig ... (3x)
Der Bauch ... wird strömend ... warm (6x)
Nach letzter Ruheübung die Rückorientierungsübung.

*6. **Herzübung***
Der ganze Körper ... wird schwer ... angenehm schwer ... (2x)
Ich bin ruhig, ... gelöst ... und entspannt ... (1x nach jedem Wechsel der Suggestion)
Der ganze Körper ... wird warm ... wohlig warm ... (2x)
Der Atem ... wird ruhig ... und gleichmäßig ... (2x)
Der Bauch ... wird strömend ... warm (3x)
Das Herz ... wird ruhig ... und gleichmäßig ... (6x)
Nun die Rückorientierungsübung.

*7. **Kopfübung***
Der ganze Körper ... wird schwer ... angenehm schwer ... (1x)
Ich bin ruhig, ... gelöst ... und entspannt ... (1x nach jedem Wechsel der Suggestion)
Der ganze Körper ... wird warm ... wohlig warm ... (1x)
Der Atem ... wird ruhig ... und gleichmäßig ... (1x)
Der Bauch ... wird strömend ... warm (2x)
Das Herz ... wird ruhig ... und gleichmäßig ... (3x)
Die Stirn ... wird glatt ... und angenehm kühl ... (6x)
Nun die Rückorientierungsübung.

*8. **Tinnitusgleichgültigkeitsübung***
Der ganze Körper ... wird schwer ... angenehm schwer ... (1x)
Ich bin ruhig, ... gelöst ... und entspannt ... (1x nach jedem Wechsel der Suggestion)
Der ganze Körper ... wird warm ... wohlig warm ... (1x)
Der Atem ... wird ruhig ... und gleichmäßig ... (1x)
Der Bauch ... wird strömend ... warm ... (1x)
Das Herz ... wird ruhig ... und gleichmäßig ... (1x)
Die Stirn ... wird glatt ... und angenehm kühl ... (1x)
Die Ohrgeräusche ... werden immer gleichgültiger ... ganz gleichgültig ... (6x)
Ich bin nun vollkommen ruhig, gelöst und tief entspannt ... (3x)
Nun die Rückorientierungsübung

Die eigenen Entspannungsressourcen wieder entdecken

Ziele

Nach eingehenden Entspannungserfahrungen können Sie nun durch die genaue Wahrnehmung des Entspannungsvorganges wieder den Zugang zu Ihrer ursprünglichen Fähigkeit finden, sich schnell und tief ohne perfektioniertes Verfahren zu entspannen.

Prinzip

Alle vorgestellten Entspannungsmethoden führen schrittweise durch die Bündelung Ihrer Aufmerksamkeit auf das innere Erleben auch schon in eine Art Trancezustand. Sie können diesen entspannten Bewusstseinszustand nun auch zügiger herbeiführen, indem Sie genau wahrnehmen, welche Empfindungen sich wo im Körper nach und nach auf dem Wege in die tiefe Entspannung einstellen. Diese persönlichen Empfindungen rufen Sie sich dann gezielt wieder hervor, wenn Sie sich entspannen wollen.

Anleitung

Beginnen Sie, sich mit Ihrer Lieblingsmethode zu entspannen, und spüren Sie dabei die sich nach und nach einstellenden körperlichen Empfindungen auf unterschiedlichen Graden Ihrer Entspannung.

Achten Sie besonders auf Bewegungen und Ausrichtungen dieser Empfindungen („Strömen nach oben", „Pulsieren nach außen", „Wärmegefühl von da nach da", „Augenrollen nach oben" oder Ähnliches). Merken Sie sich mindestens eine spürbare Besonderheit pro Stufe tiefer. Sie sollten mindestens fünf verschiedene Stufen auf dem Weg in die tiefe Entspannung unterscheiden können.

Nach der Rückorientierung notieren Sie sich die jeweiligen Stufenempfindungen. Beginnen Sie dann diese einzelnen „Stufen-Empfindungen" von der ersten bis zur letzten nach und nach wieder gezielt in sich wachzurufen und geraten Sie dadurch stufenweise abermals in Ihre Tiefenentspannung. Von dort aus entwickeln Sie dann in umgekehrter Reihenfolge diese Empfindungen und orientieren sich somit wieder zurück. Wiederholen Sie diesen gesamten Vorgang mehrmals, Sie werden bald bemerken, dass Sie problemlos noch tiefer und immer schneller in Ihren Ruhezustand gelangen.

Nach einigen Tagen oder Wochen der Anwendung erlangen Sie hiermit, wann Sie wollen, immer automatischer Ihre Entspannung.

Versuchen Sie bei den Entspannungsmethoden mindestens fünf Stufen unterscheiden zu können, indem Sie sich pro Stufe eine spürbare Besonderheit merken

Selbsthypnosen zur gezielten Tinnitusveränderung

Auf das autonome Nervensystem kann mit symbolischen Vorstellungen ein gewisser Einfluss ausgeübt werden

Aus der Neuropsychologie weiß man, dass die beiden Hirnhälften mehr oder weniger unterschiedlich arbeiten. So ist meistens die linke Hälfte eher für das Analysieren, die Logik und Detailwissen zuständig. Ihre Informationsvermittlung zum autonomen Nervensystem ist sprachlich. Die rechte Hirnhälfte „denkt" eher ganzheitlich, kreativer und in Gesamtzusammenhängen. Die Informationsübermittlung zum autonomen Nervensystem ist bildlich beziehungsweise symbolisch.
Wollen Sie nun Einfluss nehmen auf autonomnervliche Vorgänge, gelingt es bei einigen sprachlich: „Ich höre für einen Moment auf zu atmen.", „Ich schlucke jetzt." oder „Ich blinzele mit dem rechten Auge." Bei anderen autonomen Vorgängen gelingt das eher weniger: „Ich stelle mehr Speichel her.", „Ich lasse mein Blut langsamer fließen." oder „Ich rege den Säureschutzmantel meiner Magenschleimhaut an." Hier und auch zur Reduktion der Ohrgeräusche können Sie mit symbolischen Vorstellungen einen gewissen Einfluss ausüben. Bei vorliegenden größeren Hintergrundproblemen ist dieses Vorgehen allerdings erfahrungsgemäß erst dann wirkungsvoll, wenn diese angegangen und geklärt wurden.

Durchführung

Sie werden mit den folgenden hochkomplex wirksamen Selbsthypnosen die hilfreichsten Erfahrungen sammeln, wenn Sie gelernt haben ein Entspannungsverfahren ohne größere Schwierigkeiten anzuwenden. Ihre Entspannung sollte nahezu automatisiert von Ihnen entwickelt und aufrechterhalten werden können, damit der Großteil Ihrer Aufmerksamkeit frei verfügbar für die Selbsthypnose ist. Wichtig ist zudem, dass Sie dann vorerst mit den Trance einleitenden Hypnosen und Ihrem persönlichen Ruhebild eingehende Erfahrungen sammeln um mit der Entwicklung des Trancezustandes vertraut zu werden.

WICHTIG

Verfahren Sie mit den vertiefenden Selbsthypnosen folgendermaßen (außer wenn anders angegeben!):

1. *kurze Entspannung*
2. *Tranceeinleitung*
3. *Ruhebild*
4. *jeweilige Hypnoseanleitung*
5. *Ruhebild*
6. *Trancerückorientierung*

Wenn Sie zunehmend selbstständig in leichte Trance gehen können oder zumindest einen geläufigeren Umgang mit Ihren selbst besprochenen

Hypnosekassetten und dem eigenen Trancezustand pflegen, können Sie mit dem weiteren Abschnitt „Vertiefende Selbsthypnosen“ (Seite 75) beginnen.

Trance

Im Folgenden lernen Sie einige Formen der Selbsthypnose, durch die Sie sich noch intensiver entspannen werden als sonst. Vielleicht werden Sie vorerst den Eindruck haben, als wäre überhaupt nichts Besonderes passiert. Doch das können Sie erst einige Zeit danach beurteilen und so lassen Sie sich mehrfach überraschen, wie tief Sie sich entspannen und in Ihre Trance gehen werden.

Ziele

Durch die Entwicklung von Trance, hier mit schon Tinnitus verringernden Suggestionen, wird ein Bewusstseinszustand erreicht, der an sich schon Selbstheilungskräfte des Organismus fördert, aber auch dem Unbewussten, also nichtbewussten Hirnaktivitäten, die Möglichkeit lässt wirksam zu werden.

Anleitungen

Tranceeinleitungen

Durchsichtiger Ball

… Und nun kann ich so tun, als hielte ich circa 30 Zentimeter vor meiner Brust mit meinen Händen einen unsichtbaren Ball. Er hat die ungefähre Größe eines Fußballs. Die beiden anliegenden Hände halten ihn sicher von der linken und der rechten Seite so, dass er nicht durchrutschen kann … Meine nun wieder geöffneten Augen richte ich dabei auf den Mittelpunkt des Balls … Wichtig ist nur, dass ich diesen Punkt ganz intensiv beobachte, … möglichst ohne zu blinzeln … schaue ich ihn jetzt ganz intensiv an … und konzentriere mich eingehend darauf … Und während ich auf das Ziel starre, entspanne ich mich noch mehr … und kann dadurch beginnen, in noch tiefere Trance zu gehen … Wenn es mir schwer fällt, kann ich ruhig die Blickschärfe hin und her verändern … bis der Blick am Mittelpunkt des Balls klebt ohne die Augen zu schließen, … während ich den Ball so festhalte, … kann ich die Muskeln der Arme spüren, … wodurch es mir leichtfallen mag die Beine zu entspannen … und auch die Stirn … und die Kopfhaut … Eigentlich braucht gar nichts anderes mehr angespannt zu sein … außer den Muskeln für diese Arm- und Körperhaltung … erlaube ich allen Muskeln loszulassen … immer weiter loslassen … mit jedem bewussten Ausatmen … noch weiter loslassen, … wodurch mein Unbewusstes mich in Trance bringt und beginnen kann, die Ohrgeräusche vorerst nur unmerklich zu verringern, … dann bekommen die Hände langsam den Drang zusammenzukommen … Wenn vorher aber eine gewichtige Frage entsteht, … gehen die Hände von allein auseinander … Bleibt alles so, wie es ist, … dann werden die Augen schwerer und schwerer … Aber der Blick bleibt weiter auf den Mittelpunkt des Balls geheftet, … der sich möglicherweise mit jedem Ein-

Durch Selbsthypnose wird ein Bewusstseinszustand erreicht, der die Selbstheilungskräfte des Organismus fördert

und Ausatmen leicht nach oben und nach unten bewegen mag ... Alle Geräusche sind vielleicht am Anfang noch stärker wahrzunehmen, treten dann aber mit der Zeit immer mehr und mehr in den Hintergrund, ... bis sie gleichgültig und uninteressant geworden sind ... Nicht hinhören ist nicht etwas, was nicht jeder kann ... Und indem es den Augen vielleicht schon etwas schwerer fällt, den Blick auf den Mittelpunkt des Balls fixiert zu halten, ... weil unter Umständen der Blick verschwommen und anstrengend wird, ... vielleicht sogar die Farbe nachlässt, alles wird heller, ... beginnen möglicherweise die Arme früher oder später ein Gefühl von bleierner Schwere zu entwickeln ... in den Schultern oder in den Oberarmen oder wo auch immer, ... weswegen die Hände ... Finger für Finger ... den Wunsch verspüren, sich langsam auf die Mitte immer weiter zuzubewegen ... Und indem ich nun einmal versuche die Hände wieder langsam auseinander zu bewegen, ... mache ich vermutlich die Erfahrung, dass erst die Ohrgeräusche bewusster wahrgenommen und dann unangenehmer werden ... und wenn ich nun mir erlaube die Hände sich ganz langsam aufeinander zu bewegen zu lassen, ... verändern sich die Ohrgeräusche auf ganz besondere Art und Weise ... und das Wohlbefinden nimmt zu, wenn die Hände sich aufeinander zu bewegen, ... sodass ich neugierig sein kann, wie viel besser es mir geht, wenn die Hände sich schließen oder in den Schoß gesunken sind, ... wodurch ich mich noch tiefer in mein Wohlgefühl versenken werde ... Und das Gefühl zwischen den Händen gleicht einer intensiven magnetischen Anziehung ... So wie auch ich mich dabei immer mehr und mehr meiner Mitte annähere ... und ich hierdurch nun immer weiter und weiter in meine Trance gleite ... immer tiefer und tiefer ... den Wunsch in den Händen, sich noch näher und näher zu kommen, ... sich erholsam berühren, ... nachdem ich auch dem Nacken erlaub, loszulassen, ... sich zu entspannen, ... mögen auch die Augen beginnen immer schwerer und schwerer zu werden ... und das Bedürfnis empfinden, die jeweiligen beiden Augenlider aufeinander zu zu bewegen, sich zu schließen ... wie die Hände, die das Gefühl entwickeln mögen, zwischen ihnen sei ein festes Gummiband gespannt ... Ungeachtet dessen versuche ich die Augen aber weiterhin offen zu halten und richte den Blick weiter genau auf den Mittelpunkt des Balls, ... der ganz langsam kleiner zu werden scheint, ... wenn man sich vorstellt, dass durch ein kleines Loch langsam ... aber nur ganz langsam die Luft entweicht ... Das Geräusch ist nur am Anfang so laut ... Das Geräusch wird mit der Zeit immer leiser und leiser, ... so wie der Sand in einer Sanduhr langsam leise nach unten rieselt, ... wenn die Zeit vergeht, ... kann auch so das innere Geräusch nach außen entfleuchen, ... wenn der Druck nachläßt ... So wie die Luft aus dem Ball entfleucht, wenn vielleicht auch fast unbemerkt die Unterarme langsam das Gefühl schwerer Gewichte entwickeln und nach unten ziehen ... Das Geräusch ignorieren ...

Dann darf ich auch meinem Blick erlauben, immer verschwommener zu werden ... Vielleicht sehe ich auch wie durch einen nebligen Vorhang, ... oder die Augen haben das Gefühl zu brennen, ... fühlen sich trocken an ... oder es sammeln sich Tränen in den unteren Augenlidern ... oder die Augen werden immer kleiner ... Und ich weiß nicht, ... ob sich die Augen eher schließen ... und die Hände sich dann berühren werden, ... oder ob sich die Hände erst berühren ... und sich die Augen dann schließen mögen ... ganz von alleine ... wie von selbst, ... nachdem ich gleich langsam von 1 bis 5 gezählt habe und dabei den Armen und den Augenlidern langsam ihren Lauf lasse ... Bei 5 sind die Hände dann unten angekommen ... Und mit dem Herabsinken versenke ich mich mit verschlossenen Augen immer weiter in tiefe Trance ... 1! ... 2! ... 3! ... 4! ... 5! ... ... Nun kann ich neugierig sein, wie weit sich die Ohrgeräusche hierdurch auf die eine oder andere Weise noch günstig verändern ... Und meine innere Ruhe und Gelassenheit wächst, ... wofür ich mir Zeit nehme ... für meine Bedürfnisse, ... weshalb ich mir jetzt genehmige, nachdem die Augen zu und die Hände völlig gelöst sind, ... mein hohes Wohlgefühl der eingetretenen Tiefenentspannung auszuschöpfen und mich immer tiefer und tiefer fallen ... einfach vollkommen loszulassen ... um auf die eine oder andere schwebende Erlebnisweise die innere Ruhe zu erlangen, ... die auf merkwürdige Weise entsteht ... wie das Klatschen der einen Hand ... (Pause) ...

Trancetreppe

... Und während ich spüre, wie wohl sich die Schultern anfühlen können, wenn sie sich mit jeder Ein- und Ausatmung so sanft auf- und niederwiegen, ... kann ich mir bewusst machen, dass ausnahmslos alle Erfahrungen zu meinem Erlebnis der eintretenden Trance gehören, ... die ich klar erlebe ... immer mehr und mehr ... Ich brauche nun wirklich nur noch nach und nach ... immer mehr und mehr ... weiter und weiter loszulassen, ... wenn ich jetzt erfahren will, wie ich tiefer in meine Trance gleite, ... wie ich mir erlaube mich einfach fallen zu lassen ... Gut, und während ich weiter bewusst weit ausatme, kann ich beginnen, mir in Gedanken eine Treppe vor dem inneren Auge vorzustellen. Irgendeine Treppe, die ich mag, so wie Sie mir gerade in den Sinn kommt ... Vielleicht ist es eine Wendeltreppe, Steintreppe, Holztreppe oder auch eine, die ich einmal gesehen habe ... In meiner Vorstellung hat diese Treppe 20 Stufen und ich stehe am Anfang, vor der ersten Stufe. Wie sind die Stufen beschaffen ... und das Geländer, wenn eines vorhanden ist? ... Fast alle Menschen finden Treppen, welche abwärts führen. Wenn aber meine Treppe anders aussieht, ist das auch in Ordnung. (Der Text müsste dann ab hier entsprechend verändert werden: aus „Stufe tiefer" würde „Stufe höher" und so weiter.) Ob ich die ganze Treppe sehe oder nur einen Teil davon ist vollkommen gleichgültig, denn ich weiß ja bestimmt, dass meine Trancetreppe 20 Stufen hat. Und ich werde gleich

anfangen, innerlich deutlich von 1 bis 20 zu zählen. Ich höre innerlich klar und deutlich die Zahlen und ich werde mit jeder Zahl weiter kommen, mit jeder Zahl eine Stufe tiefer in Trance gehen. Zahl für Zahl, Stufe für Stufe, tiefer und tiefer entwickelt sich mit der Zeit das Gefühl in mir Abstand zu gewinnen zu dem, was um mich herum geschieht, und zu dem, was meine Ruhe im Inneren versucht zu stören … Und ich werde immer gelassener und wende mich immer mehr den schönen Dingen des Lebens zu … Und mir bleibt selbst die Entscheidung, ob ich tief oder mittel in Trance gehe. Und es gibt unterschiedliche Wege in Trance zu gehen. Ich bin gespannt, woran ich spüren werde, dass ich in Trance bin. Okay, ich fange jetzt an für mich zu zählen. Ich stehe am Anfang meiner Treppe … 1 – mein Körpergewicht verlagert sich auf den einen Fuß, … während der andere sich vorbewegt … Dann verlagert sich das Gewicht vor auf den anderen Fuß … Eine Stufe tiefer … sacken lassen … mit dem nächsten Schritt … 2 – Mit dem anderen Fuß auf die zweite Stufe, zwei Stufen tiefer, sacken … 3 – Und indem ich nun meinen Körper möglicherweise noch stärker empfinde, kann ich die Treppe auch mit anderen Sinnen erfassen, sie spüren, jede einzelne Stufe nacheinander fühlen … 4 – Je mehr Schritte ich tue, desto mehr Abstand gewinne ich von allen Sorgen, Anspannungen und Missemfindungen … immer weiter davon weg … und hin zum Wohlempfinden … 5 – Ein Viertel des Weges, und ich beginne nun wohl auch meine Entspannung und entstehende Trance zu genießen, indem ich es mir erlaube einfach alles geschehen und loszulassen … 6 – Und ich kann mir die Vorstellung machen, dass irgendwann alle Geräusche, die ich höre, ob innen oder außen, irgendwie sogar zu meiner Entspannung und Trance beitragen … oder die Entspannung und Trance sogar noch vertiefen … 7 – Möglicherweise bin ich erstaunt, wie schnell ich in tiefere Trance gehen kann. Denn jeder macht auf seine Art und Weise neue genesende Erfahrungsschritte … 8 – Acht Stufen weiter, und ich bin achtsam mich zu öffnen, um zu lernen und mehr angenehme Erfahrungen zu machen … auch über meine Person und meine Möglichkeiten … Ich werde so offen wie nötig sein für neue Einsichten und Fähigkeiten, die sich entwickeln mögen … Es sind meine Erkenntnisse … von mir bestimmt … 9 – Der Atem ist ruhig und gleichmäßig, wie der ewige Wechsel der Gezeiten … wie Ebbe und Flut … Die Entspannung durchdringt mich mit stillen Klängen mehr und mehr. Jede einzelne Körperzelle nimmt die neue klangvolle Stille in sich auf … 10 – Der halbe Weg … in die Trance … Und Menschen können auf eine ganz unbewusste Eigenart in Trance gehen, ohne es zu wissen … 11 – Manchmal beginnt Wärme in den Händen und steigt dann hoch bis in die Ohren und breitet sich nach unten aus … Manchmal beginnt Wärme in den Füßen und steigt nach oben bis zu den Ohren … Natürlich ist es auch in Ordnung, wenn die Wärme aus meiner Mitte entspringt … 12 – Ich frage mich, ob die Arme entspannter als die Beine sind oder umgekehrt ... Es ist gleichgültig ... Ich bleibe immer öfter ganz gelassen ... 13 – Und wenn störende Gedanken in das Bewusstsein kommen, kann ich mein inneres Fenster öffnen und Durchzug machen ... Und was von draußen kommt, lasse ich wieder hinaus ... 14 – Das Schweregefühl nimmt noch zu ... Oder ist es eher ein Schweben? ... Oder fühle ich meine Unterlage gar nicht mehr? Alles ist okay! ... Ich kann jede Wahrnehmung zu meinem Vorteil nutzen ... Es verändert sich vieles, was ich bewusst oder unbewusst verändern will ... Und Veränderungen haben in mir jetzt schon begonnen ... und halten in erträglicher Leichtigkeit für die Zukunft an ... 15 – Dreiviertel des Weges vorbei ... Ich gleite tiefer und tiefer, ... nichts leisten müssen, ... einfach nur genießen und dasein dürfen in beständiger Wertschätzung ... 16 – Möglicherweise entsteht nun langsam immer mehr in mir die Neugier, was am Ende der Treppe kommt, ... und doch lasse ich mich vom Unbewussten überraschen ... 17 – Ich fühle langsam, wie leicht es ist ... in diesem besonderen Zustand etwas zu verstehen, ... mir der nötigen Veränderungen in mir bewusst zu werden, ... die ich erreichen will ... wie mehr Genuss und Spaß, ... wodurch allein schon die Ohrgeräusche unmerklich, aber sicher immer erträgbarer werden ... 18 – Und ich kann mich einfach überraschen lassen, ... wie weit ich bei zukünftigen Belastungen ruhig, konzentriert und besonnen reagiere ... immer früher ... immer schneller und sicherer ... 19 – Und es genießen mit mir selbst wichtige Zeit zu verbringen, ... mir selbst redend Zuspruch und Mitgefühl zu geben, ... weil ich mir selbst vertrauen kann ... Schon sooft habe ich mir trauen dürfen. Manchmal waren es minimale Veränderungen, und manchmal sogar weit greifende. Ich frage mich, auf wie viele unterschiedliche Weisen ich mir selbst sicher sein kann ... 20 – tief entspannt, wunderbar entspannt ... Die Treppe hinter mir lassend, ... in der Mitte von Nirgendwo ... befinde ich mich nun in meiner angenehmen Trance ... für Veränderungen, denen ich vertrauen kann, ... meine realistischen Lebensziele zu erreichen ... Die unzählige Vielfalt von Lösungen auf eine Vielfalt von Herausforderungen findend ... Aber wie auch immer, die Vielfalt meiner neuen Erfahrungen wird mir helfen, mir selbst zu helfen, mich von Tag zu Tag immer wohler und wohler zu fühlen sowie einen klaren und freien Kopf zu wahren ...

Schwebender Arm

... Und indem ich jetzt die Augen kurzfristig öffne, kann ich mich auf eine erhebende Art einlassen, gleich zu lernen, dass Selbsthypnose für mich die rechte Erfahrung ist zur intensiven Ruhe zu finden, in einer Weise, die ich handlich finden kann für mich ... Am Rücken angelehnt strecke ich dafür jetzt meine beiden Arme locker vor mir aus wie ein Schlafwandler in einer Witzzeichnung. Die Außenseiten der geöffneten Hände sind oben und der Nacken bleibt entspannt ... Und nun schließe ich meine Augen wieder. Jetzt

kann ich mein volles Bewusstsein auf die kleinen, aber feinen Unterschiede zwischen den Armen lenken, ... während ich im übrigen Körper ganz ruhig, gelöst und entspannt bin, ... kann ich spüren, wie ich allmählich, langsam, Schritt für Schritt, tiefer und tiefer in Trance sinke ... und sich früher oder später diese angenehme Leichtigkeit in einem der beiden Arme einstellt ... Eine kaum merkbare Leichtigkeit, ... die sich beginnt auszubreiten, ... weil mein Unbewusstes den Arm von ganz allein hebt, ... leicht wie eine flauschige Feder ... Ich bin gespannt, wann ich genauer bemerke, ob mein linker oder mein rechter Arm leichter wird ... Wie ist der Unterschied zwischen dem linken und dem rechten Arm? ... Welcher Arm ist vielleicht ein klein wenig fester oder steifer? ... Oder welcher Arm ist möglicherweise ein klein wenig kühler? ... Welcher Arm ist nun ein klein wenig leichter? ... In welchem Arm ist früher oder später der leichte und erhebende Impuls nach oben? ... Möglicherweise erst in einem Finger, ... dann in anderen Fingern ... und danach mit der Hand der ganze Arm ... Oder was ist sonst auffällig unterschiedlich zwischen den beiden Armen? ... Ich kann sogar mit den Unterschieden in den Armen spielen ... Und es gibt Leute, die können sich gar nicht vorstellen, dass sich ein Arm wie von selbst erhebt, ... in fließender Starre oder fester Beweglichkeit ... sich immer weiter hebt und die Menschen wissen gar nicht, dass das ganz einfach geht, ... während man den anderen Arm der Schwere nachgibt, ... weil ich nun meine Arme und Hände so bewusst spüre, ... fördert das bewusste Unbewusste, das Heben des einen Arms ... in leichter Schwere oder gewichtiger Leichtigkeit, ... immer höher und höher ... steigt der Arm, ... wenn sich in dem anderen Arm die Last deutlicher einstellt, ... fühlt sich das noch angenehm an? ... Ich kann Gefühle so frei spüren und ausdrücken, wie ich es will ... Und indem ich das lerne, kann meine unbewusste Bewusstheit mich jetzt noch tiefer in Trance gehen lassen, oder aber ich bemerke allmählich, dass sich mein Bewusstseinszustand noch weiter verändert ... Das Heben des leichteren Arms kann mir bewusst sein oder sich eher unbewusst vollziehen ... Denn jeder hat die Fähigkeit, sein Unbewusstes entscheiden zu lassen, welcher Arm sich hebt ... Und mein Bewusstes glaubt unter Umständen noch nicht, dass das geht, aber mein Unbewusstes weiß, dass ein Arm sich unbemerkt schon hebt ... ganz von selbst ... wie von allein ... in einer aufsteigenden Form ... des Tiefergleitens in die Trance ... Da ist ein inneres unbewusstes Wissen, dass das geht ... in einer leichten Handlichkeit, ein Fingerzeig der neuen hilfreichen Möglichkeiten! ... Denn während mein bewusster Verstand vielleicht verstehen wollen kann, was mein Unbewusstes schon längst versteht, ohne aber vielleicht unbedingt zu wollen, kann aber mein Unbewusstes schon längst wollen, dass mein bewusster Verstand verstehen will, ohne eigentlich schon verstehen zu können ... Und weil mein Bewußtes unter Umständen wollen will, ohne zu glauben, dass es das rich-

tig können kann, kann mein Unbewusstes sogar können, ohne selbst wollen zu müssen, denn mein Unbewusstes kann schon längst können, was mein Bewusstes zwar unbedingt wollen will, aber noch nicht können kann ... Da aber mein Unbewusstes schon längst weiß, was mein Bewusstes noch nicht weiß, weiß mein Bewusstes nicht, dass mein Unbewusstes ja weiß, dass mein Bewusstes kaum davon Ahnung hat, dass es eigentlich wissen könnte, wie in einem Arm die Tendenz wächst nach oben zu steigen ... Und es ist nicht schwer, nicht an den nicht einfachen Dingen festzuhalten: Die Ohrgeräusche aus der gesamten Wahrnehmung herausfiltern ... Denn alle Menschen können Geräusche hören und haben die Wahl sie mit der Zeit zu ignorieren, ... so, wie das ständige Ticken der Uhr irgendwann nicht mehr gehört wird ... oder die Geräusche der Nachbarn oder des Verkehrs zwar noch immer da sein mögen, ... früher oder später aber nicht mehr vernommen werden ... Die störenden Geräusche immer gleichgültiger werden lassen, ... wenn der schwere Arm beginnt, sich seiner Schwere bewusst zu werden, ... beginnt er, seiner Tendenz zu sinken nachzugeben, ... wodurch der leichtere Arm noch leichter in die Lüfte steigt ... Ich kann neugierig sein, wie er sich immer weiter und weiter emporhebt ... in einer langsamen, gleitenden Bewegung oder Stück für Stück ... Wo im Arm ist der Punkt, ab dem der Rest des Arms mit der Hand selbstständig ist? ... Und wie in einem wirklichen Traum oder einer traumhaften Realität ist ein mit leichtem Gas gefüllter großer bunter Ballon mit einem Band an dem Handgelenk des federleichten Arms befestigt, ... wie Kinder einen haben ... Welche Farbe hat er? ... Und welche Größe? ... Ist das Ballonband mit einem Knoten oder mit einer Schleife am Handgelenk befestigt? ... Das ist egal, aber dadurch fühlt sich der Arm an, als würde er mit Leichtigkeit nach oben gezogen ... immer höher und höher, ... was umso leichter geht, wenn der schwere Arm durch ein Bleigewicht, das an seinem Handgelenk an einem Band hängt, sinkt und sinkt ... Das Gewicht in seiner ganz spezifischen Farbe und Größe lässt diesen Arm immer schwerer und schwerer werden ... Und der schwere Arm sinkt und sinkt, ... als wären sogar mehrere schwere große Gewichte an sein Handgelenk gebunden ... Und die ziehen den Arm herab ... immer tiefer und tiefer ... kann auch ich auf jede mögliche Art immer weiter und weiter in Trance gehen ... Ich beginne gleich von 1 bis 5 zu zählen um Zahl für Zahl in immer tiefere Entspannung und Trance zu gehen. Bei 5 werden beide Arme herabgesunken sein und ich innerlich bei fest geschlossenen Augen mit oder ohne bewusster Tinnituswahrnehmung vollkommen gelassen in meinem Wohlgefühl der Entspannung und der Trance versunken sein ... Und nun beginne ich zu zählen: 1 – Man kann Trance lernen oder lernen in Trance zu gehen oder in Trance lernen, mit der Zeit Ohrgeräusche zu ertragen, ... wann immer man will ... gelassen bleiben ... Und je langsamer der leichte Arm hochgeht, desto schneller wird er oben sein … 2 – Durch die Unbeweglichkeit meiner Beine lernt ein Arm noch leichter und leichter zu werden, wodurch der schwere Arm langsam immer weiter und weiter herabsinkt … Und weil ich hier so leicht meine Aufmerksamkeit von dem einen Arm auf den anderen Arm lenken kann, … wird mir bewusst, dass es mir gar nicht leicht zu fallen braucht meine volle akustische Aufmerksamkeit von dem einen, mehr geplagten Ohr auf das andere, freiere Ohr zu lenken … Es geht ganz von selbst bewusst oder unbewusst diese Fähigkeit zu nutzen … 3 – Und nachdem ich einen angenehmen Atemzug getan habe, kann ich spüren, wie der eine Arm noch ein klein wenig weiter steigt … Und da mag ein inneres Bedürfnis, in mir sein, neue hilfreiche Erfahrungen zu machen, einem Bedürfnis dem ich tiefer nachgehen kann, wie der mächtig schwere Arm immer tiefer wird. Dabei ist es gut, wenn jemand weiß: Ich bin in Ordnung, so wie ich bin … und seinen Weg im Leben geht … 4 – Und ich kann auf meine Art dieser unbewussten Tendenz tiefer zu gehen folgen, … indem ich die Augenlider hebe … und den vielleicht überraschenden Unterschied in der Höhe der beiden Hände betrachte … Und weil da mehr oder weniger ein vielleicht unerwarteter Unterschied zu sehen ist, den ich vielleicht so nicht vermutet habe, weiß ich, dass mein Unbewusstes noch viel mehr erreichen kann, was ich vielleicht bisher noch nicht vermutete … So kann das Unbewusste mit der Zeit auch die inneren Geräusche so verändern, … dass sie leichter zu ertragen sind … und ich mich tragen lasse von angenehmen Erfahrungen … Und indem ich das weiß und meine Augenlider nun wieder senke, beginnen jetzt beide Arme sich schneller oder langsamer immer weiter und weiter zu senken … Und ich kann erwartungsvoll sein zu spüren, welcher Arm sich zuerst auf den Schoß niederlässt … Vielleicht ist der eine Arm schon längst vor dem anderen unten … Aber das ist nur eine Nebensache … Und indem beide Arme nun langsam beginnen der Tendenz nach Tiefe immer weiter und weiter nachzugeben, kann ich dieses entstehende Wohlgefühl sich ausdehnen lassen … immer weiter und weiter … auch auf meine innerlich hörbaren Signale und Reize, … die immer weniger und weniger werden, je weniger Abstand der Hände noch zum Schoß … Die Arme bewegen sich immer weiter herab, … tiefer und tiefer … führt das dazu, dass ich noch weiter in Trance gehe. 5 – Und wenn die Hände unten angekommen sind, durchzieht die vertiefte Entspannung der beiden Arme restlos den ganzen Körper in angenehmer Trance …

Ruhebild

Ziel

Erfahrungen werden im Gehirn nicht nur wie ein Fotoalbum in Bildern abgespeichert, sondern es wird auch im Gedächtnis festgehalten, was gehört, gerochen, geschmeckt, gefühlt wurde und wie der körperliche Zustand war. Erinnert man sich intensiv an eine schreckliche Begebenheit (zum Beispiel Unfall, Trennung), kann man das heute innerlich körperlich wieder mit mehreren dieser Sinne spüren. Gleiches gilt glücklicherweise auch für intensive Erinnerungen an positive Erlebnisse (zum Beispiel im Urlaub, in der Natur, bei einer vertrauten Person). So werden Sie mit folgender Übung auch die damit verbundenen genesenden körperlichen Vorgänge in gewissem Maße wieder aus der Erinnerung hervorrufen.

Anleitung

... Und ich kann mich nun überraschen lassen, wie sehr ich wieder die wohltuenden Erlebnisse erfahren kann, zurückgeführt in die Situation, ... an meinen bekannten Ort der Ruhe und der Kraft, ... wo ich mich so sehr wohl fühlte, ... Ruhe genießen ... und neue Kraft schöpfen konnte ... Und während mein bewusster Verstand sich vielleicht fragt, wie viel tiefer ich noch in Trance gehe um an diese vielleicht sogar besondere Erinnerung zu gelangen, weiß mein Unbewusstes schon längst, wie angenehm es ist, Schritt für Schritt noch tiefer und tiefer ... noch weiter und weiter zu gehen und sich dadurch leichter zu erinnern ... Und während das Bewusstsein nicht glaubt, dass es so ist, beginnt das Unbewusste schon längst im Zustand einer tiefen inneren gemüthaften Ruhe und Stille, die ich in meiner Mitte soeben wiederfinde, ... mit dem Gefühl der unbegrenzten Sicherheit und Geborgenheit, ... voller Vertrauen und angemessenem Optimismus vollkommen offen und bereit, ... meine volle Bewusstheit auf genau jene Erinnerungen und angenehmen Erfahrungen ... an meinen beliebten Ort der Ruhe und der Kraft zu lenken ... ... Und Erinnerungen steigen manchmal wie von selbst auf, wie Luftblasen an die Wasseroberfläche kommen ... ... Erinnerungen, wo ich enspannt bin ... wo ich gelassen bin ... wo ich ganz ruhig und frei bin ... ... Und mir kommen nun spontane innere Bilder dazu ... oder ich nehme eine bewusste Erinnerung an eine passende Situation, an einen bewusst ausgesuchten Ort, wo ich Ruhe erlebte und Kraft sammelte. Eine bestimmte Erinnerung, die ich für mich genesend nutzen will ... (Pause) ...Und nun stelle ich mir vor, ich bin an diesem Ort ... Wenn es mehrere sind, wird mein Unbewusstes sich schon früher oder später entscheiden ... Nun schaue ich mich an meinem Ort der Ruhe und der Kraft einmal um ... ... Ich nehme die Atmosphäre des Ortes wahr, ... die Farben und Formen, die mich umgeben, in der Nähe ... und in der Ferne, ... um mich herum ... und das Licht ... ... Ich höre, was es zu hören gibt ... vielleicht bestimmte Geräusche und Töne ... oder auch Stimmen oder Klänge ... ... Möglicherweise rieche ich auch Düfte und Gerüche ... ... oder eventuell schmecke ich sogar etwas ... ... Alle Einzelheiten meines Ortes nehme ich so gut es eben geht wahr ... Welche Körperempfindungen spüre ich? ... ... Vielleicht Wärme oder streichelnden Wind auf meiner Haut ... Wie nehme ich meinen Untergrund wahr ... und meine Haltung? ... Was fühle ich? ... ... Welche Stimmung habe ich? ... Wo fühle ich das Gefühl im Körper? ... ... Und wenn ich diesem Gefühl ein Gewicht geben könnte, ... wäre das eher ein leichtes oder

eher ein schweres Gefühl? … … … Und wenn ich diesem Gefühl mit diesem Gewicht eine Farbe geben würde, … wäre das ein eher helles oder ein eher dunkles Gefühl? … Oder hätte das sogar eine bestimmte Farbe? … … … Und könnte ich diesem spezifischen Gefühl eine Form oder Gestalt verleihen, … was wäre das? … … … Dies ist mein regenerierendes Gefühl und mein wohlempfundener körperlicher Zustand an meinem Ort der Ruhe und der Kraft … Okay. Ich genieße dieses Gefühl und die damit verbundene innere Ruhe und Kraft und fühle mich wohl … einfach wohl! … Ich fühle mich selbst! … Und ich darf einfach nur da sein … wie eine Erlaubnis, die man sich gibt, ein kräftiges Selbstwertgefühl in einer inneren Aufgerichtetheit oder auch anders zu spüren, ohne zu leisten … Und das ist okay so! … Ich bin okay so! … So wie ich bin! … Ich akzeptiere mich selbst, wie ich bin und was ich tue! … Gelingt mir in Zukunft etwas nicht oder mache ich einen Fehler, sage ich mir: „Okay, das habe ich nicht so gut hinbekommen. Aber es war das, was mir bis jetzt möglich war. Ich werde daraus lernen und mich bemühen mich beim nächsten Mal günstiger zu verhalten!" … Denn einen richtigen Fehler zu machen ist das Richtige auf die falsche Art richtig zu machen! … Und wann immer ich mich selbstständig verkürzt innerlich auf den Weg zu meinem Ort der Ruhe und der Kraft mache, erlaubt mein Unbewusstes, dass mir das immer wieder bewusst wird. An diesem Ort fallen alle Sorgen, Ängste, Unruhe und Selbstzweifel von mir ab … Hier nehme ich neue Ruhe, Lebensenergien und Zuversicht mit jedem Einatmen auf … Und mit jedem Ausatmen lasse ich hier verbrauchte Energie, Spannung, Druck und Sorgen los … Ich bin ganz ruhig, gelöst und entspannt … Und damit ich etwas von meinem Ort der Ruhe und der Kraft mitnehme und ich mich jederzeit selbstständig wieder zu diesem Ort auf meiner inneren geistigen Reise zurückbegeben kann, um Ruhe und Kraft zu „tanken", schaue ich mich noch einmal genau um und kann mir noch eine Art „innerliches Foto" von meinem Ort der Ruhe und der Kraft knipsen … Aber auf jeden Fall nehme ich mein Gefühl in seiner bestimmten Art und Weise mit …

Trancerückorientierung

… Okay. Nun will ich wieder zurück … Gut, ich werde jetzt anfangen die gleichen Zahlen rückwärts zu zählen. (20 bis 1 bei „Trancetreppe" und 5 bis 1 bei „durchsichtiger Ball" oder „schwebender Arm"). Ich werde mit jeder Zahl einen Schritt zurückkommen, in den äußeren Alltag zurück. Ich verfolge den Rückweg genauso bewusst wie den Weg in die Trance. Ich werde mir dafür genug Zeit nehmen, während ich langsam rückwärts zähle und dadurch langsam und sicher aus der Trance erwache. Und nachdem ich zurückgekommen bin, werde ich nach der Trance all das mitgebracht haben, was ich jetzt mitbringen darf. Sollte es etwas geben, was noch nicht mitgebracht werden soll, so entscheidet sich mein Unbewusstes, dass ich das, was ich innerlich erfahren oder bearbeitet habe, ganz von allein zu einem späte-

ren Zeitpunkt, morgen oder auch erst Wochen später oder in meinen Träumen erinnere, oder in der nächsten Selbsthypnose meine Träume wieder erlebe und die damit verbundene Veränderung stattfindet. Ich weiß nicht, was ich alles Positives aus der jetzigen Trance mitnehme, aber ich werde auf jeden Fall mein Ruhegefühl, innere Kraft und geistige Klarheit, Frische und gesunden Optimismus mitbringen. Ich werde mich danach wohl, ausgeruht und gut entspannt fühlen. Da ich nun gleich den Weg aus der Trance noch einmal so bewusst erleben werde, wird es mir bei jeder Wiederholung auch wirklich sehr leicht fallen, völlig selbstständig den Einstieg in meine Trance zu finden. Immer dann, wenn ich es will, werde ich es mir bequem machen, die Augen schließen, eine kurze Entspannungsübung durchführen und meine Tranceeinführung in vereinfachter Art und Weise in die Tat umsetzen – gerade so, wie sie mir einfällt. Und vielleicht tue ich erst einmal nur so, als wäre ich in Trance, wodurch ich dann den Eintritt in die erwünschte Trance leichter erlebe, die ich dann Schritt für Schritt tiefer und tiefer und weiter und weiter entwickle. Ich werde dann besonders tief entspannt sein und in meine Trance gleiten, so tief oder wahrscheinlich noch tiefer als jetzt. Das Unbewusste hat gelernt oder wird gelernt haben, dass und vor allem wie das geht! Gut … Doch nun führt der Weg wieder zurück, und ich fühle mich weiterhin wohl, innerlich gekräftigt, ausgeglichen, bin geistig frisch und voll da und gewinne Abstand zu den Dingen, fühle mich immer gelassener. So werde ich mich dann auch gleich wieder im Alltag für die nächsten Stunden, Tage und weitere Zeit fühlen. Mit jeder Zahl komme ich einen Schritt zurück, bei 3 werden langsam die Augen den Drang verspüren sich zu öffnen und bei 1 werde ich ganz intensiv meine gewohnte Rückorientierungsübung machen! …

Vertiefende Selbsthypnosen

In diesem Teil sammeln Sie Erfahrungen, wie Sie Phänomene tieferer Trance gezielt zur aktiven Veränderung des Tinnitus einsetzen können.

Symbolarbeit

Ziele

In dieser Hypnose können Sie Ihre individuellen Symbole entdecken, mit denen Sie lernen, mit ungenutzten Leistungsfähigkeiten Ihres Gehirns positiven Einfluss auf die Ohrgeräusche auszuüben. So kann diese Symbolarbeit Ohrgeräusche in ihrer Tonhöhe, Lautheit oder Aufdringlichkeit so verändern, dass sie von Ihnen weniger belastend erlebt werden und Ihr allgemeines Wohlempfinden zunimmt.

Durch eine individuelle Symbolarbeit können Ohrgeräusche weniger belastend wahrgenommen werden

In meiner Praxis stellten sich Betroffene ihren Tinnitus unter anderem als pfeifenden und zischenden Teekessel vor, als quietschende Schaukel, surrende Seilwinde, spitze Krallen im Genick, feste Schraubzwinge am Kopf, als Schmied, der auf einen Amboss schlägt, als drohenden Oberlehrer, als Kreissäge, fauchende Raubkatze, brüllenden Bären, eine Farbe oder eine

Entdecken Sie individuelle Symbole, um die Ohrgeräusche als weniger belastend wahrzunehmen, zum Beispiel „die fauchende Wildkatze wird friedlich“

abstrakte Form. Sie veränderten in Hypnose ihre Tinnitusgestalt soweit, dass mehr oder weniger eine Verbesserung eintrat. Viele konnten den Tinnitus jetzt durch das Empfinden einer erhöhten Kontrollierbarkeit des Geräusches erstmals tolerieren, weil sie sich ihm nicht mehr so ausgeliefert fühlten.

Sie können Ihre Tinnitusgestalt zum einen direkt inhaltlich verwandeln lassen, indem die Gestalt oder die Handlung verändert wird: So kann man sich zum Teekessel bildhaft den ausströmenden Dampf vorgestellen, wodurch sich der Druck im Kessel verringert und der Ton leiser wird. Der brüllende Bär wird besänftigt, weil er zum Gespräch bei Kaffee und Kuchen eingeladen wird, die fauchende Wildkatze wird friedlich, weil sie sich schläfrig zurückzieht, die Krallen im Genick geben nach, weil das Tier erlegt wurde, die Schraubzwinge wird langsam gelöst, die abstrakte eckige Form wird rund oder zerfließt, bis sie sich auflöst, und so weiter.

Zum anderen können Sie aber auch die „Bild-“ beziehungsweise „Filmqualität“ ihrer inneren Vorstellung beeinflussen: Hell-Dunkel-Kontrast, Farbigkeit-Schwarzweiß, Bildgeschwindigkeit, Weichzeichner, lustige Hintergrundmusik, das Bild heran- oder wegzoomen und Ähnliches mehr. Der Schmied schlägt in Zeitlupe dann immer langsamer und damit leiser auf den Amboss oder die Szene des drohenden Oberlehrers wird mit Dick-und-Doof-Musik unterlegt. Der Phantasie sind keine Grenzen gesetzt. Gut und richtig ist, was wirkt.

Sollten anfänglich Wirkungen ausbleiben, wenden Sie dieses Verfahren auf die körperliche Symptomatik an, die dem Geräusch vorausgeht und es verstärkt. Dann handelt es sich hierbei nicht um die Tinnitusgestalt, sondern um die Nackenverspannungsgestalt beziehungsweise Kieferverspannungs-, Wattegefühls-, Nervositäts-, Spannungs-, Druckgefühlsgestalt oder welche auch immer. Je früher Sie diese Symbolarbeit ansetzen und je häufiger Sie sie durchführen, desto bessere Erfolge haben Sie.

Die Symbolarbeit kann sowohl auf den Tinnitus als auch auf vorangehende körperliche Beschwerden angewandt werden

Anleitung

... Okay. Und nun will ich mich für eine gewisse Zeit sinnvoll mit dem Tinnitus beschäftigen ... Ich höre ihn, nehme ihn nun einmal ganz bewusst in seiner ganzen Vielfalt wahr und betrachte ihn mir genauer von vielen Seiten ... Wie stellt er sich mir dar? ... Wo genau kann ich ihn wahrnehmen, links, rechts, im Kopf, außerhalb des Kopfes, über, hinter oder vor mir? ... Wo ist er nicht zu hören? ... Wenn ich ihm eine Farbe geben würde, wäre es eher eine helle oder eine dunkle Farbe oder eher eine angenehme oder unangenehme Farbe? ... Und wenn er diese Farbe hat, welche Größe hätte er wohl? ... Und der Tinnitus in dieser Farbe und der bestimmten Größe, welches Gewicht hätte er? ... Und dieser charakteristische Tinnitus – welche Form oder Gestalt könnte er haben? ... Wie stelle ich mir meinen Tinnitus eigentlich vor? ... Welches Lebewesen oder welchen Gegenstand verbinde ich mit ihm? ... Und ich kann gespannt sein, ob ich mir bewusst eine Vorstel-

lung von ihm konstruiere oder ob mein Unbewusstes mir Bilder, Gefühle oder sogar Gerüche oder Geschmack dazu sendet, ganz von allein, wie von selbst, jetzt gleich oder später in einem erinnerbaren Traum oder als Blitzidee irgendwann im Alltag ... (Pause) ... Und wie könnte der Tinnitus nun aussehen, wie stellt er sich mir dar? ... (Pause) ... Okay, und nun kann ich mich mit geschärften Sinnen daran machen, diese symbolhafte Darstellung meines Tinnitus zu verändern um zu erforschen, welche Verwandlung der Tinnitusgestalt einen Einfluss auf mein Erleben und meine Wahrnehmung der Ohrgeräusche hat ... Und für viele Menschen ist es leichter, erst einmal für einen kurzen Moment diejenige Umgestaltung herauszufinden, welche die Ohrgeräusche noch mehr in Bewegung bringt oder sogar ein bisschen verschlimmert ... (Pause) ... Gut, und von dem Zustand kann ich jetzt ganz behutsam und mit einer inneren Sicherheit und vielleicht auch Zuversicht in all der Zeit, die ich dafür brauche und zur freien Verfügung habe, die Tinnitusgestalt möglicherweise genau entgegengesetzt so verwandeln oder in einer ganz besonderen Art und Weise sich verändern lassen, dass eine positive Einwirkung entsteht ... Ohrgeräusche können sich in vielerlei Hinsicht verändern ... Sie können lauter oder leiser werden ... Sie können heller oder dunkler klingen ... Sie können näher oder weiter weg, ... höher oder tiefer, ... schärfer oder weicher, ... kälter oder wärmer, ... aufdringlicher oder zurückhaltender, ... wie hinter einer Wand, in einer dämpfenden Schneelandschaft und in unterschiedlichsten Weisen mehr verändert tönen. Und ich kann mich überraschen lassen, wie schnell die wirksamen Veränderungen eintreten, ob der gewünschte Zustand Schritt für Schritt, in einem fließenden Übergang oder blitzschnell sich einstellt ... (Längere Pause) ... Wie viel ist jetzt schon besser? ... Um welchen, wenn auch noch so geringen Prozentsatz ist der Tinnitus nun erträglicher für mich? ... Wie kann ich die Tinnitusgestalt noch günstiger für mich verändern? ... (Pause) ... Kann ich mir vorstellen, in welcher Situation in der Zukunft ich diese neue Fähigkeit, die Tag für Tag wachsen kann, zur Verfügung haben möchte? ... Und wie werde ich mich in diesen zukünftigen Situationen daran erinnern, dass ich mit jeder Wiederholung dieser Verwandlung der Tinnitusgestalt das Geräusch noch leichter beeinflussen kann? ... (Pause) ...

Versuchen Sie einmal, sich Ihr Ohrgeräusch in einem angenehmen, positiven Zusammenhang vorzustellen

Positive emotionale Einbindung

Ziele

Mit dieser Hypnose werden die Ohrgeräusche in einen positiveren Zusammenhang gebracht und Sie gewinnen ein günstigeres Verhältnis zu ihnen.

So wurde ein dumpf dröhnender Tinnitus von einem meiner Patienten folgendermaßen in sein Ruhebild integriert: Er sitzt an einem warmen Frühlingstag am grünen Hang eines Berges im Mittelgebirge und sieht jemanden mit seinem antiken Motorrad durch das Tal fahren. Ein anderer Patient empfand erstmals Hilfe, als er seinen „düsenden“ Tinnitus mit dem Geräusch eines über die Wolken steigenden Passagierflugzeugs verband, das in den sonnigen Süden fliegt. Ihr rauschendes Geräusch, das eine Patientin vom Schlafen abhielt, konnte günstig assoziiert werden mit dem nächtlichen „einlullenden" Fahrgeräusch im Auto ihrer Eltern, wenn sie in der Kindheit nachts über die Autobahn nach Italien fuhren. Ein sirrender Tinnitus wurde verbunden mit dem Sirren von Überlandleitungen in einem spätsommerlichen Kornfeld bei Sonnenuntergang. Ein Zirpen wurde assoziiert mit Grillengeräuschen aus einem Spanienurlaub und so weiter.

Diese Hypnose erleichtert durch den veränderten gefühlsmäßigen Zusammenhang das Entwickeln von gewisser Akzeptanz gegenüber den Ohrgeräuschen, was allerdings nicht gleichbedeutend ist mit Resignation. Zudem gewöhnen sich Menschen allgemein schneller an Geräusche, die außerhalb ihres Körpers wahrgenommen werden.

In der Trance kommen meist die besten Einfälle, welche Außenweltgeräusche den Ohrgeräuschen ähneln und welche angenehme Szenerie einen logischen Zusammenhang zulässt. Fällt Ihnen beim ersten Mal allerdings kein passendes Außenweltgeräusch ein, so beachten Sie genauer Ihre akustische Umwelt. Da gibt es unzählige Geräusche vom Computer, Rauschen im Wald, Wassergeplätscher und so weiter. Achten Sie auch darauf, wie Sie den Tinnitus anderen Menschen beschreiben.

Anleitung

Vom Ruhebild aus richten Sie Ihre volle Aufmerksamkeit auf den Tinnitus und nehmen ihn auf jegliche Ihnen mögliche Art wahr. Dann finden Sie ein ansatzweise ähnliches Geräusch aus der Außenwelt in Ihrem reichhaltigen Erinnerungsschatz. Bringen Sie dieses Außenweltgeräusch in einen möglichst angenehmen Zusammenhang und bilden Sie eine passende positive Phantasie dazu. Versetzen Sie sich nun mit allen fünf Sinnen innerlich direkt in diese Szenerie hinein (Sehen, Hören, Fühlen, Riechen, Schmecken). Kosten Sie das Erlebnis in vollen Zügen aus. Bevor Sie sich wieder zum Ruhebild zurückbegeben, nehmen Sie bewusst Ihr verbessertes Wohlbefinden wahr.

Verknüpfung

Ziele

In dieser Hypnose soll die innerliche, hörbare Sinneswahrnehmung mit innerlich spür- und sehbaren Sinneswahrnehmungen verknüpft werden. Verändern sich letztere, so wird die daran gekoppelte Hörwahrnehmung auf bestimmte Art und Weise mit beeinflusst. Zudem wird hier durch die Nutzung der inneren Rückmeldung über die drei wichtigsten Wahrnehmungskanäle die Entspannung optimiert, was ebenfalls gesundheitsfördenden Einfluss ausübt.

Bei dieser tief wirksamen Hypnose ist es nicht nötig, wie sonst üblich, mit Entspannung, Tranceeinleitung und so weiter vorzugehen. Sollten Sie nicht leicht eine Farbe zuweisen können, empfehle ich Ihnen eine Zeit lang aufmerksam Ihre Umweltgeräusche zu

Bei dieser Hypnose wird die Entspannung optimiert, indem die Ohrgeräusche mit innerlich spür- und sehbaren Wahrnehmungen verknüpft werden

Ordnen Sie Ihrem Ohrgeräusch die passende Farbe zu

beobachten. Überlegen Sie sich dafür jeweils: Wenn ich diesem bestimmten Geräusch eine als passend erlebte Farbe zuordnen würde, wäre es eher eine helle oder eher eine dunkle Farbe? Wäre sie eher pastell- oder kräftigfarben? Welche Farbe ist es, die ich mit diesem Geräusch verbinde? Hierbei können Sie neugierig sein, welche – für die meisten eher abgelehnte – Farbe Sie dem Ohrgeräusch zuordnen.

Anleitung

1. *mit der Körperwahrnehmung durch eine zügige „Körperreise" beginnen*
2. *durch bewusste Tinnituswahrnehmung zu ihm passende (meist ungeliebte) Farbe herausfinden*
3. *Lieblingsfarbe vergegenwärtigen*
4. *gezielte Aufmerksamkeitslenkung auf den Körper zur Unterscheidung zwischen verspannten und wohl empfindenden entspannten Körperbereichen*
5. *innerliche Vorstellung des Einkreisens oder Eingrenzens der Körpergebiete (zwei oder mehr)*
6. *dem verspannten Gebiet Tinnitusfarbe geben und in großen Buchstaben „Tinnitus" daraufschreiben sowie dem entspannten Gebiet Lieblingsfarbe geben*
7. *mit den persönlich wirksamsten Verfahren entspannen und dadurch erleben, wie sich das Gebiet in Lieblingsfarbe ausdehnt sowie das tinnitusfarbene Gebiet immer weiter schrumpft und die Schrift des Wortes „Tinnitus" sich verändert*
8. *Einschätzung der Tinnitusreduzierung in Prozent*
9. *Vorstellungen, in welcher Situation in der Zukunft diese neue Fähigkeit, die Tag für Tag wachsen kann, zur Verfügung stehen soll*
10. *mit der Rückorientierungsübung beenden*

Aufmerksamkeitsverlagerung

Ziele

Für viele Betroffene wird ihr Tinnitus dadurch äußerst unangenehm, dass sie unwillkürlich ihre angestrengte Aufmerksamkeit stets auf die Geräusche in den Ohren oder im Kopf lenken. Da Ohrgeräusche ursprünglich Alarmsignale des Organismus waren, ähnlich wie der Schmerz, wundert das nicht. Allerdings gewinnt der betroffene Mensch hierdurch den falschen Eindruck, dass die Geräusche immer aufdringlicher und deswegen umso quälender zu werden scheinen.
Sie kennen möglicherweise den tropfenden Wasserhahn in der Nacht. Je mehr Sie sich ärgern desto lauter scheint er zu werden und desto mehr stört er. Ist der Hahn nicht abstellbar, ist es günstig weniger hinzuhören, was einem aber nicht so leicht gelingen mag. Wechseln Sie Ihren Wahrnehmungskanal vom Hören zum Sehen oder Fühlen, dann gelingt Ihnen die Aufmerksamkeitsverlagerung leichter. Diese Fähigkeit, von einem Wahrnehmungskanal auf einen anderen „umzustellen", haben Sie: Achten Sie einmal auf das Gefühl Ihrer Füße in Ihren Straßenschuhen. Wahrscheinlich fühlen sich Ihre Zehen unangenehm eingeengt. Würden Sie Ihre Aufmerksamkeit ständig darauf richten, würden Sie sich recht unwohl fühlen. Da

Sie aber akzeptieren, dass die Zehen in den Schuhen weniger Freiraum haben, weil Sie nicht in Scherben oder Dreck treten, Sie warme Füße haben und noch gut gekleidet sein wollen, erlauben Sie sich unbewusst, diese Störung gar nicht mehr wahrzunehmen. Diese Ignorierung geschieht unter anderem durch die Aufmerksamkeitsverlagerung auf das, was Sie sehen oder hören.
Bei den folgenden beiden Hypnosen wird diese Aufmerksamkeitsverlagerung im „Regenbogenschloss" vom Hören des Tinnitus auf das Sehen und in der „Luftmatratze" vom Hören auf das Fühlen gefördert.

Anleitungen

Regenbogenschloss

1. *plastische Vorstellung von dem märchenhaften Regenbogenschloss (Phantasie über Gebäude, Landschaft, Wetter, Eingangstür und so weiter anregen)*
2. *Aufmerksamkeit auf den Tinnitus richten, bevor ich voller Neugier durch die Eingangstür in den ersten Saal, den roten Saal eintrete (Wände, Boden, Möbel, Gardinen, alles in der Farbe einer roten Rose) und mich sehr genau umsehe*
3. *Aufmerksamkeit auf den Tinnitus richten und durch eine Tür in den orangefarbenen Saal begeben (Ausstattung in der Farbe einer Orange), umsehen*
4. *Aufmerksamkeit auf den Tinnitus richten, durch eine Tür in den hellgelben Saal (Ausstattung in der Farbe einer Zitrone), umsehen*
5. *Aufmerksamkeit auf den Tinnitus richten, durch eine Tür in den grünen Saal (Ausstattung in der Farbe von Gras), umsehen*
6. *Aufmerksamkeit auf den Tinnitus richten, durch die Tür in den blauen Saal (Ausstattung in der Farbe eines freien Sommerhimmels), umsehen*
7. *Aufmerksamkeit auf den Tinnitus richten, durch die Tür in den lilafarbenen Saal (Ausstattung in der Farbe von Heide oder Flieder), umsehen*
8. *Aufmerksamkeit auf den Tinnitus richten, durch die Tür in den violetten Saal des eigenen Unbewussten (Ausstattung in der Farbe von Usambaraveilchen), umsehen, Entspannung genießen (längere Pause) und im innerlichen Gewahrwerden, meinem Unbewussten ganz nah zu sein, mir folgende Suggestion sagen: „Und weil ich eben immer dann, wenn ich meine Aufmerksamkeit auf den Tinnitus richtete, diese auf sichtbare Dinge lenkte, braucht mir in der Zukunft gar nicht mehr bewusst einzufallen, bei jeder intensivierten Ausrichtung meiner Aufmerksamkeit auf den Tinnitus immer früher und immer zügiger meine volle Bewusstheit auf die sichtbare Umgebung zu lenken. Das geht ganz automatisch, wie von selbst. Denn das Unbewusste hat oder wird gelernt haben, dass das und vor allem wie das geht, dadurch mehr entspanntes Wohlempfinden zu erreichen."*
9. *durch eine verzauberte Ausgangstür gelange ich direkt in mein Ruhebild zurück*

Bei den beiden Hypnosen „Regenbogenschloss" und „Luftmatratze" wird die Aufmerksamkeit auf das Sehen beziehungsweise Hören gelegt

Luftmatratze

... Und während sich nun vielleicht die Szenerie um mich herum verändern mag, sehe ich die bestimmte Farbe des Meeres und des Horizontes, an dem das Meer an den Himmel stößt. Und ich sehe das strahlende Blau des nur leicht bewölkten oder möglicherweise wolkenfreien Himmels ... Ich rieche sogar den wohltuenden Duft der frischen Luft ... Und hierbei kann ich meine inneren Geräusche hören und körperlich entspannt bleiben ... wodurch ich immer gelassener und gelassener werde ... Ich befinde mich am angenehm rauschenden Meer ... Die ganze Gegend wird durchdrungen vom wohligen Rauschen des Meeres ... Nichts stört, nur angenehme Gefühle, ganz ruhig, gelöst und entspannt ... Es ist Sommer, die Möven schweben kreischend durch die Luft und durch die wohltuende angenehme Sonne ist es wunderschön warm ... Und um vom meinem alltäglichen Lärm abzuschalten ... lege ich mich wohlig und lustvoll auf die farbige Luftmatratze im seichten Wasser. Das Gummi der Luftmatratze quietscht und knatscht durch das Kleben meines Körpers bei jeder Bewegung, bis ich mehr oder weniger ganz ausgestreckt und entspannt bin, ganz locker, ganz ruhig, gelöst und frei ... Das Säuseln und Zischen und Pfeifen des Windes in der flackernden Takelage der Segelboote irgendwo in der Umgebung lädt zum Träumen ein. Ich kann neugierig sein, wie das günstig sein wird für mich, in neue Gefilde zu segeln, einmal andere Wege zu gehen und neue Dinge auszuprobieren, wenn ich derweil das leichte und sanfte Schaukeln der Luftmatratze auf den Wellen genießen mag, ... bemerke ich, dass ich mit jedem Schaukeln entspannter und entspannter werde ... ruhiger und ruhiger ... gelöster und gelöster ... freier und freier ... spüre ich, wie ich leicht schaukele ... Selbst das Brummen, das womöglich von einem Motorboot oder einem Flugzeug in der Ferne stammt, erleichtert es mir, des einnehmenden sanften Schaukelgefühls mehr oder weniger bewusst zu werden ... Ich kann es ganz genau erleben, wie es mit jedem neuen Ein- und Ausatmen zunimmt und immer stärker und stärker, immer deutlicher und spürbarer zu werden scheint ... sodass ich in Zukunft, wenn ich meine Aufmerksamkeit auf die Ohrgeräusche richte, gar nicht daran zu denken brauche, meine volle Bewusstheit auf Körperempfindungen, Haltung, Gefühle oder Stimmungen zu richten, und mich angenehm zu entspannen um mehr Wohlgefühl zu entwickeln. Das geht ganz von allein, wie von selbst. Denn das Unbewusste hat oder wird gelernt haben, dass das und vor allem wie das geht, ... weil das Schaukelgefühl im Moment mehr oder weniger bewusst da ist ... Ich kann es ganz genau beobachten, wie es mit jedem neuen Ein- und Ausatmen zunimmt und immer stärker und stärker, immer deutlicher und spürbarer wird ... bis es gleich vielleicht den ganzen Körper durchströmt ... Angenehm schaukelt es sanft von vorne nach hinten oder von oben nach unten oder von links nach rechts oder aber auch von hinten

nach vorne oder von unten nach oben oder von rechts nach links ... eben genau so, dass ich es mir erlauben kann, zu genießen ... vielleicht sogar genießen, wie weich gebettet in einer Wiege geschaukelt zu werden ... angenehm ruhig, gelöst und entspannt ... Und so merke ich wahrscheinlich noch deutlicher die wohlige Wärme der Sonne auf meiner Haut, im Gesicht, auf den Händen und wo es mir sonst noch guttut ... Ich kann mich in diese Wärme hineinrekeln und ansonsten das wunderschöne Gefühl, von den belastenden Dingen abzuschalten, genießen ... Wobei ich erwartungsvoll sein kann, wie sehr ich das immer weiter und weiter genieße, auch in bestimmten zukünftigen Situationen. Denn wann immer ich meine Ohrgeräusche verstärkt höre, lenkt mein Unbewusstes meine ungeteilte Aufmerksamkeit auf die behaglichen körperlichen Empfindungen ... in einer inneren Bewogenheit, mich mehr auf die wirklich nützlichen Dinge zu konzentrieren ...

Abstand gewinnen

Ziele

Dass ungewollt Ohrgeräusche, Lebensprobleme oder ängstigende oder deprimierende Grübelgedanken ins Bewusstsein treten, ist etwas ganz Natürliches. Wichtig ist aber, dass dies nicht unkontrolliert geschieht. Die folgenden Hypnosen sind hilfreich, um diesen Prozess zu verlangsamen und Ihnen Gelegenheit zu geben, die sich aufdrängenden Belastungsbestandteile genauer wahrzunehmen und innerlich loszulassen.

Die Fähigkeit des Loslassens von belastenden Dingen ist etwas sehr wichtiges, das Sie lernen können. Sie werden dadurch im Alltag weniger von grübelnden und sorgenden Gedanken beziehungsweise von dem Tinnitus gelähmt. Sie erleben weniger Stress, Sie werden offener und Ihr Kopf wird freier für Problemlösungen. Diesen erholsamen inneren Abstand erhalten Sie zum einen, indem Sie das Störende in weite Ferne schicken. Zum anderen gewinnen Sie einen ruhevollen inneren Spielraum, wenn Sie sich im Trancezustand eine Weile von dem belasteten Ich ablösen, sozusagen in Ihrer inneren Vorstellung aus sich heraustreten in eine angenehmere Welt und so aus der Distanz zu den Dingen wieder mehr Kontakt zu Ihren Stärken, Fähigkeiten und Problemlösungen erhalten, die Sie dann mit in den Alltag bringen. Zudem gewinnen Sie durch diesen Wechsel der Perspektive neue „Ansichten“, die Sie weiterbringen.

Die folgenden Übungen helfen Ihnen, belastende Dinge loslassen zu können und einen inneren Abstand davon zu gewinnen

Anleitungen

Vogelschwarm

... Und von hier aus stelle ich mir nun vor, ich bin in einer Frühlings- oder Herbstlandschaft ... Weil das jedoch nur nebensächlich ist, ... sehe ich irgendwo einen Vogelschwarm über den Himmel ziehen ... Von der einen Richtung kommend ... und in anderer Richtung wegfliegend ... Der dahinfliegende Schwarm ist das Bewusstsein. Die einzelnen Vögel in dem Schwarm sind die sich aufdrängenden Gedanken an die Belastung in meinem

Bewusstsein. Ich mache es mit meinen Gedanken wie mit den Vögeln in dem Schwarm. Ich nehme einzelne Vögel wahr. Da ist möglicherweise ein größerer Vogel, oder da ist vielleicht ein schnellerer Vogel der die Formation wechselt, vielleicht von hinten an die Spitze des Schwarmes wechselt. Ich lasse sie einfach wegfliegen. So mache ich es in gleicher Weise mit den Gedanken. Ich nehme die Gedanken wahr. Jetzt denke ich wieder an das, was vorhin war. Jetzt denke ich an das, was ich nachher tun will. Ich wünsche mir das und ich möchte das machen. Diese Gedanken nehme ich wahr und lasse sie dann los. Einfach „LOSLASSEN" ... (Pause)

Ähnlich können Sie sich auch vorstellen, Sie stünden auf einer kleinen Brücke über einem Bach und sehen, wie das Herbstlaub an der Wasseroberfläche mitströmt.

Herbstblatt

... Und während ich mir erlaube diesen wohltuenden Zustand zu genießen, kann ich mir nun vorstellen, wie ich mich im Herbst auf einer angenehmen Grünfläche befinde und das Gras unter mir spüre ... vielleicht so, wie ich es schon mal erlebt habe ... mit dem bestimmten Wetter dazu ... Ich fühle mich wohl ... Eventuell sind da auch Vögel oder andere Naturgeräusche zu hören, ... während ich die Kraft der Natur in mich aufnehme ... und die Blätter beobachte, die langsam von den Bäumen und Büschen fallen ... Die herunterfallenden Blätter rufen mir ins Gedächtnis, wie ich die störenden oder belastenden Dinge des Lebens loslassen kann, ... und sie von mir abfallen, ... genau so, wie alte Blätter von den Pflanzen fallen um Platz zu schaffen für neues Wachstum, für Weiterentwicklung ... für Wandel und Neubeginn ... Und diese beginnen mit der Zeit zu zerfallen, sich aufzulösen in winzig kleine Teile, ... die dann wieder dazu beitragen können, neuen nährstoffreichen Boden zu bilden, ... auf dem wieder neue Bäume und Büsche wachsen und gedeihen ...

Verlagerung

Sie können in Ihrer bildhaften Vorstellung dem Tinnitus, wie Sie ihn in der „Symbolarbeit" erschlossen haben, als Form oder Gestalt, ein widerstandsfähiges Tuch oder eine Folie aus von Ihnen gewähltem Material und in bestimmter Farbe überwerfen oder überziehen, dass nichts mehr von ihm herausdringt. Nehmen Sie dann feste Bänder oder Seile und verzurren Sie das Bündel so lange, bis es immer kleiner und kleiner wird, ganz winzig. Danach verpacken Sie das Tinnitusbündel fest in einer stabilen Kiste und verschließen sie sicher. Den Schlüssel stecken Sie ein oder verlieren ihn einfach. Diesen Behälter lassen Sie dann stramm an schwebenden bunten Ballons vertäut in die Lüfte abheben, bis er in der Ferne immer kleiner wird und langsam am Horizont verschwindet. Ebenso können Sie Grübelgedanken und ungewollte innere Vorstellungen fest verschnürt als Bündel in solche Kiste packen. Durch das Verstauen des Behälters in einem Flugzeug, auf einem Schiff oder dem Gepäckträger eines Autos können Sie das Bündel auch aus sich heraus verlagern und mit dieser bildhaften Entfernungssuggestion die hilfreiche Distanz schaffen.

Spaziergang

... Und während ich mich hier entspanne, gewinne ich die Gelegenheit mich einmal von außen zu betrachten und mich ganz allmählich von dieser Person, die ein Teil von mir ist, zu distanzieren. Die Person dort hat Tinnitus ... Wie sieht sie aus? ... Welche Haltung hat sie ... zu den Dingen? ... Und nachdem ich den Teil von mir angeschaut und mich von ihm verabschiedet habe, merke ich, dass ich mich ganz weit weg begeben, ... mich an einem ganz anderen angenehmen Ort wiederfinden kann, dass ich irgendwo weit entfernt in einer anderen angenehmen, bekannten Umwelt herumspaziere ... Vielleicht bin ich an einem Urlaubsort, einem Ausflugsziel oder wo auch immer, ... eventuell sogar in einer früheren tinnitusfreien Zeit der Stille ... Ich spüre ganz genau das Wetter auf meiner Haut, meine Körperhaltung, Bewegung und den Gang beim Spazieren. Ich sehe mir dabei die Umgebung an ... in der Ferne ... und in der Nähe ... Ich nehme hier das Licht und die behagliche Atmosphäre wahr ... Hier sind die Umgebungsgeräusche angenehm und tragen auf ihre Art dazu bei, dass ich mich rundherum wohl fühle ... Und alle anderen Geräusche sind mir gleichgültig, völlig gleichgültig ... Und auf jeden Fall sind mir die inneren Geräusche, die der andere Teil von mir weit weg wahrnimmt, hier beim Spazieren in dieser Umwelt mit Abstand ganz gleichgültig, ... vollkommen egal ... im Genuss der inneren Stille ..., wo ich in einer bewegten Bewegungslosigkeit des Umherflanierens ganz besonders tief entspanne ... und die neue Wirklichkeit auskoste um dabei unbewusst zu lernen ... (Längere Pause) ... Und wenn ich nun zurückkehre, nehme ich neue Fähigkeiten mit und es wird mir daher gar nicht leichter fallen müssen, bei jedem Spaziergang in meiner Art und Weise Abstand zu den störenden Dingen zu gewinnen ...

Spiegelwelt

... Und weil ich es mir mehr oder weniger erlaube, hier meinen Ort der Ruhe und der Kraft zu genießen, sehe ich hier einen wunderbaren großen Standspiegel, vor den ich mich begebe ... Er hat einen Rahmen aus ganz bestimmtem Material und in passender Form und Farbe ... Weil ich mich nun direkt vor ihm befinde, schaue ich ganz entspannt hinein. Ich sehe mich selbst ... und bemerke, wie sich auf wundersame Weise langsam mit der Zeit mein Spiegelbild verselbstständigt ... und spüre mit einer aufkommenden inneren Sicherheit, dass ich meinem Spiegelbild erlaube sich in der Spiegelwelt ohne Ohrgeräusche frei zu fühlen und zu bewegen ... in einer völligen inneren Ruhe und Stille, die dort überall herrscht. Ein Teil von mir kann sich dann in mein Spiegelbild hineinversetzen, indem es einfach in meiner inneren Vorstellung aus mir herausschlüpft .. und dort durch die unglaublich reflektierende Glasfläche in das Spiegelbild hineinschlüpft ... Aus der Sicht meines Spiegelbildes sehe ich nun hier

aus der Spiegelwelt, wie der andere Teil, der die Ohrgeräusche hat, mit dem Körper dort am Ort der Ruhe und der Kraft verweilt ... Hier in der Spiegelwelt erkunde ich nun voller Neugier und Freude das Wunderland direkt auf dieser Seite der phantastischen Spiegelfläche ... Es gibt aber in dieser Trance-Spiegelwelt Trance-Spiegelwelt-Uhren zu beachten, ... von denen ich eine direkt sehen kann ... mit Zifferblatt, Zeiger, Uhrenglas und allem, was dazugehört ... Und da gibt es ein unbewusstes Wissen in mir, dass wenn in der Trance-Spiegelwelt der große Zeiger zweimal herumgekreist ist, draußen in der Realzeit nur fünf Minuten verstreichen ... Und weil ich hier drin die Uhr immer irgendwie im Blick behalte, werde ich mich nach dieser Zeit ganz spontan auf den Rückweg zum Ruhebild machen, schlüpfe dabei aus dem Spiegelbild heraus durch die Spiegelfläche in den Körper am Ort der Ruhe und der Kraft ... Doch nun erkunde ich voller innerer Stille und Abstand zu den Störungen in der Realwelt diese Wunderwelt und kann neugierig sein, was hier noch alles anders ist, was ich hier in vollständiger innerer Ruhe noch Angenehmes erleben und lernen kann, ... denn es herrschen hier die alten Zeiten, wo das Wünschen noch geholfen hat ... (Längere Pause) ... Und wenn ich mich nun spontan zurückbegebe, weil die Zeit verstrichen ist, nehme ich auch die positiven Erfahrungen, die Erholung, Gelassenheit und wundersame innere Distanz zu den Ohrgeräuschen mit und kann mit einer bestimmten Frische, Klarheit und inneren Zuversicht in das vielleicht noch unerwartet Gute in der bekannten Art vollständig, ... bezaubert ... zurückkehren aus der Spiegelidylle in meinen mittlerweile gestärkten Körper am Ort der Ruhe und der Kraft ...

Verdeckung in Trance

Ziele

Da die Durchtrennung des Hörnervs so gut wie nie zu einem Verschwinden des Tinnitus führt, muss davon ausgegangen werden, dass dieses Geräusch in den für das Hören zuständigen Hirnbereichen verselbstständigt aufrechterhalten wird.
Mit dieser Hypnose soll das „Hörzentrum" vermehrt dazu angeregt werden, wie verselbstständigt andere, melodischere „Ohrwürmer" herzustellen. Sie kennen sicherlich das Phänomen: Sie schnappen eine angenehme und eingängige Melodie, einen Schlager, Evergreen oder ein bekanntes klassisches Stück auf und bekommen diesen Ohrwurm nicht mehr aus dem Kopf. Solche Ohrwürmer können von Ihnen persönlich hergestellt und in der Selbsthypnose als innere Maskierung des Ohrgeräusches eingerichtet werden.

Anleitung

Entweder Sie rufen sich während des Tranceerlebens am Ort der Ruhe und der Kraft die Erinnerung an beliebte Musik wach und machen sie innerlich deutlich hörbar oder Sie legen während der gesamten Selbsthypnose ein ausgewähltes kürzeres Musikstück auf, lassen es wiederholt abspielen, richten Ihre ungeteilte Aufmerksamkeit darauf und nehmen die Musik „in sich auf". Gleich für was Sie sich entscheiden, Sie können sich zum Stück auch passende schöne bildhafte Vorstellungen vor dem inneren Auge vergegenwärtigen. Bevor Sie wieder bewusster das Ruhebild innerlich wahrnehmen und die Trancerückorientierung beginnen, sagen Sie sich noch den selbstbeeinflussenden Satz: „Mir braucht immer dann, wenn ich meine Aufmerksamkeit auf den Tinnitus richte, gar nicht erst einzufallen, diesen Ohrwurm deutlich vor meinem inneren Ohr zu hören und dadurch innerlich erleichternd beschwingt meine gesamte Bewusstheit auf angenehme und sinnvolle Dinge zu richten. Es geht von selbst ..."

Der Ton hinter dem Ton

Ziele

Obwohl viele Betroffene häufig ihre Aufmerksamkeit auf die Ohrgeräusche richten, wird von einigen nicht bemerkt, dass die inneren Töne auf bestimmte Art und Weise variieren. Bei dem einen mehr und auffälliger, bei dem anderen kaum merkbar. Es ist sogar durchaus möglich, mit einer gebündelten Aufmerksamkeit die Geräusche direkt zu verändern. In einer alten asiatischen Meditationsform wird durch starke Konzentration auf den „Ton hinter dem inneren Ton" langsam eine andere Tonqualität wahrnehmbar. Der neue Ton wird nach und nach in den Wahrnehmungsmittelpunkt gerückt, die Aufmerksamkeit vermehrt auf den vermuteten Ton hinter diesem Ton gerichtet und so weiter. Nach langer Übung soll der neunundvierzigste Ton zum Ziel der „inneren Erleuchtung" führen.

Dieses macht deutlich, dass Ohrgeräusche nicht immer als Übel oder Qual angesehen werden. Auch nach Überlieferungen unserer Frühkultur weiß man, dass sich Heiler und Hexen als besonders auserwählt fühlten, wenn sie Ohrgeräusche hatten.

Für Sie selbst lässt die eigene Veränderungsfähigkeit in vielleicht auch nur geringsten Unterschieden den Tinnitus als kontrollierbarer erleben. Möglicherweise verwandeln Sie ihn in einen angenehmeren Ton. Auch wenn sich keine Veränderung direkt am Geräusch einstellt, gibt es aus der Wissenschaft Erkenntnisse, dass ein täglich für bestimmte Zeit vorgenommenes gezieltes Hinhören auf das Ohrgeräusch langanhaltend hilfreiche Wirkung erzielen kann. Sie erreichen durch die Trance erleichternde Gewöhnungseffekte.

Durch tägliches, gezieltes Hinhören, kann sich ein hilfreicher Gewöhnungseffekt einstellen

Üben Sie in der ersten Woche die „direkte Tonannäherung", bevor Sie die „direkte Tonveränderung" beginnen. So können Sie um so erwartungsvoller sein, wie veränderbar die Tonqualität Ihres Ohrgeräusches mit dieser Hypnose ist oder wann bei Ihnen ein Gewöhnungsprozess an den Tinnitus eintritt.

Anleitungen

Direkte Tonannäherung

... Und während ich meine Aufmerksamkeit nun auf den Tinnitus richte, ertönt er ganz direkt bei mir in seiner ganzen Vielfalt ... Ich nehme ihn ganz und gar wahr ... Höre ihn aus seiner ganz bestimmten Richtung, ... seine Klangfarbe, ... seine Lautheit ... Ich

höre ihm ganz genau zu, ... während es mir weiterhin leicht fällt in meiner Trance entspannt zu bleiben ... Ich bin ruhig, gelöst und entspannt ... Es wird mir im Laufe der Zeit immer leichter fallen, von diesem Geräusch innerlich unberührt zu sein ... Viele Menschen halten den Tinnitus erstmal für einen unbezwingbaren riesigen Feind und die merken gar nicht, dass der Tinnitus nur ein „Scheinriese" ist, der nur in der Entfernung so mächtig und Angst einflößend wirkt. Wagt man es ihm näher zu kommen, wird er märchenhaft kleiner und zahmer ... Nun habe ich also die Gelegenheit den Tinnitus nicht als riesigen Feind wahrzunehmen, sondern ihm wie ein wissbegieriger Forscher das Ohr zu bieten ... Und auch wenn ich den Tinnitus nun in allen Aspekten und Facetten höre, ... mich ihm offen und unvoreingenommen in aller Friedlichkeit widme ... und alles ganz deutlich höre ... und es möglicherweise unerträglich zu werden scheint, ... dann widerstehe ich friedlich in einer inneren Aufgerichtetheit, stabil wie ein Fels in der wilden Brandung und entspannt wie ein elastischer Baumwipfel im tosenden Sturm ... Doch manche erwartete Brandung ist eben doch nur das Auf und Ab von zahmen Wellen und mancher befürchtete Sturm nur ein leichter, angenehm säuselnder Wind ... Vielleicht fühle ich mich sogar bereit dem Tinnitus etwas wohlgesinnter entgegenzutreten und wage Experimente, ihm friedlich zuzuhören, ... sodass mit der Zeit sogar so etwas wie eine Duldung oder Beziehung entstehen mag ... Vielleicht sind sogar beide Seiten froh den Stellungskrieg zu beenden, sich nicht in den Ruin zu rüsten ... Und indem ich ihm immer leichter und leichter zuhören mag, ... kann es mir nach und nach gelingen, ... immer mehr und mehr Verständnis aufzubringen ... in all der Zeit, die ich dafür brauche, ... das zu vergessen, was, wie ich meine, er mir zugemutet hat ... Denn der Friede ermöglicht beiden Seiten den diplomatischen Kontakt, der es zulässt voneinander zu lernen ... Die eingesparten Energien und Möglichkeiten für den Aufbau und die eigene Stärkung zu nutzen ... Genau wie ich im Moment lernen kann die Ohrgeräusche in einer anderen als der üblichen Art und Weise von verschiedenen Seiten und in unterschiedlichen Aspekten wahrzunehmen, ... was es mir erleichtern mag, mich Tag für Tag immer leichter und leichter an die Ohrgeräusche zu gewöhnen, ... so wie ich mich an mein Magengrummeln, mein Herzklopfen und all die anderen inneren Geräusche unbewusst gewöhnt habe und sie toleriere ...

Direkte Tonveränderung

Richten Sie Ihre gesammelte Konzentration auf den qualitativ etwas anderen Ton hinter dem Ohrgeräusch, bis dieser etwas andere Ton getrennt wahrnehmbar ist, dann richten Sie wieder Ihre gesammelte Konzentration auf den nächsten Ton hinter dem neuen Ton und so weiter fort, solange Sie es mögen. In den nächsten Hypnosen kommen Sie vielleicht noch weiter.

Anregungen zur Selbstanalyse der Hintergründe

Dieser Abschnitt gibt Ihnen hilfreiche Anregungen und weiterführende Fragen für eine eingehendere Selbstauseinandersetzung, als Ihnen vielleicht bisher möglich gewesen ist. Er kann allerdings keine Psychotherapie ersetzen.

Sollten Sie eventuell bewusste oder unbewusste auslösende oder aufrechterhaltende Bedingungen beziehungsweise Hintergrundprobleme für sich herausfinden, bedeutet das keinesfalls, Sie hätten in irgendeiner Weise selbst Schuld, einen Tinnitus entwickelt zu haben. Vielmehr kann man dieses zum Stress führende Problemverhalten eher als einen Lösungsversuch für Ihre Hintergrundproblem ansehen, der früher sicherlich die bestmögliche Lösung für Sie darstellte. Dessen Vorteile scheinen aber mit der Zeit zu viele Nachteile mit sich gebracht zu haben. Überwiegen die Nachteile, führen sie zu anhaltendem Stress und somit möglicherweise zum Tinnitus, so ist es günstiger für Sie, nun eine bessere Lösung zu finden. Das Lösungswissen für diese vorteilhafteren Verhaltensweisen ist im Unbewussten häufig schon angelegt. Diese Ressourcen werden lediglich häufig nicht im richtigen Zusammenhang angewendet. Die folgenden Selbstbeobachtungen, Übungen und Fragen, die Ihre Lösungsfindung erleichtern sollen, mögen Ihnen wahrscheinlich etwas sonderbar oder mühsam vorkommen. Bedenken Sie aber, dass einem manchmal eher neue Sichtweisen und Erkenntnisse kommen, wenn man einfach einmal andersherum denkt als gewöhnlich. Eine andere Perspektive kann Ihnen zu „neuen Ansichten" des Tinnitus verhelfen.

Tinnitusprotokolle

Wir kennen es doch alle, dass beispielsweise langsame Veränderungen oder alltägliche Ärgernisse kaum noch deutlich bemerkt werden. Man fühlt sich einfach nur „irgendwie gestresst" und weiß gar nicht recht wodurch. Deswegen ist es wichtig für Sie, mit den vorliegenden Protokollen der Selbstbeobachtung nun Ihr Augenmerk genauer auf Auslöser oder verschlechternde Umstände der Tinnitusbelastung – bzw. verbessernde Sachverhalte – zu richten.

Wie in einer Art tabellarischem Tagebuch notieren Sie darin Ihre Selbstbeobachtungen. Sie entdecken hiermit möglicherweise auch unbewusste, den Tinnitus verstärkende Stressauslöser und Verhaltensweisen. Zudem lernen Sie im „Tagesprotokoll" genau zwischen der von Ihnen wahrgenommenen Lautheit und der erlebten Belastung des Tinnitus zu unterscheiden. Das führt mit der Zeit unweigerlich zur Erkenntnis, dass es möglich ist, durch die gezielte Reduzierung von Stress, sogar bei gleichlautem Tin-

Um auch kleinste Veränderungen der Ohrgeräusche zu bemerken, ist es wichtig, Ihre Selbstbeobachtungen genau zu protokollieren

nitus, zumindest die Unangenehmheit der Ohrgeräusche zu verringern. Die Kontrolle hierüber zu gewinnen wird dann von den meisten Betroffenen als eigenständige Bewältigung der Ohrgeräusche erlebt.
Die regelmäßige Einschätzung des Alltagsstresses und der eigenen Stimmungslage verdeutlicht Ihnen den Zusammenhang von belastenden Gefühlen und der Tinnitusverschlechterung, beziehungsweise von Stressbewältigung und positiven Gefühlen (Genuss, Freude, Lust ...) und der Tinnitusreduzierung. Da bei Ein- und Durchschlafproblemen die Schlafgüte unter anderem mit der Anwendung von Entspannungsverfahren steigt, schätzen Sie auch die ein.
Durch die detaillierten Aufzeichnungen im „Gedankenprotokoll" wird das übliche ungünstige eigene gedankliche und emotionale Reagieren in Stress auslösenden Situationen systematisch erkannt und danach die dadurch erhöhte Belastung reduzierend verändert. Zudem können die Gedankeninhalte weiter Hinweise auf bisher unbewusste Hintergrundprobleme liefern, wie unter anderem ein niedriges Selbstwertgefühl, Angst vor anderen Menschen oder depressive Gedankenstrukturen, die dann weiter durch spezielle Selbsthilfe-Literatur oder mit professioneller Hilfe angegangen werden könnten.

Ein detailliert geführtes „Gedankenprotokoll" kann unbewusste Hintergrundprobleme aufdecken

Die jeweiligen längerfristigen positiven Auswirkungen auf den Tinnitus sind dann von Ihnen direkt durch die Tagesprotokollierungen nachvollziehbar. Diese Protokolle regelmäßig zu führen ist allerdings nur für die Zeit sinnvoll, in der Sie das vorliegende Selbst-Management oder andere Veränderungsschritte durchführen. Danach sollte Ihre Aufmerksamkeit nicht mehr durch die ständige Selbstbeobachtung verstärkt auf den Tinnitus gerichtet, sondern mehr auf die schönen Dinge des Lebens gelenkt werden.

Tagesprotokoll

Um einen genauen Eindruck zu bekommen, wie weit die Ohrgeräusche in ihrer Unannehmlichkeit und Lautheit von äußeren Umständen und Ihrem psychischen Befinden abhängen, führen Sie das „Tinnitus-Tagesprotokoll" (Anhang Seite 105) täglich durch. Auf dem „Tinnitus-Intensitäts-Thermometer" kreuzen Sie die ungefähre Stelle an, die der durchschnittlichen Lautheit Ihrer Tinnituswahrnehmung am heutigen Tage entspricht. Das linke Ende des Thermometers (–100) bezeichnet die schlimmste Ausprägung des Tinnitus, die Sie je wahrgenommen haben. Das rechte Ende (+100) bezeichnet vollständige akustische Ruhe ohne Tinnitus. Sie machen dann ein Kreuz in der Mitte (0), wenn die Lautheit der Ohrgeräusche von Ihnen tolerierbar und der Tinnitus somit von Ihnen zu akzeptieren ist, was ein gut erreichbares Ziel ist. Natürlich gibt es eine Vielzahl von Einschätzungsmöglichkeiten zwischen „–100" und „+100".
Ähnlich verfahren Sie mit dem „Tinnitus-Belastungs-Thermometer", in dem Sie eintragen, wie unangenehm Sie das Ohrgeräusch empfinden beziehungsweise wie belastet Sie sich

Ein Tinnitus-Tagesprotokoll zeigt Zusammenhänge zwischen äußeren Umständen, psychischem Befinden und den Ohrgeräuschen

Übertragen Sie am Ende jeder Woche die Daten der einzelnen Thermometer in eine „Bilanzkurve“ und vergleichen Sie sie miteinander

dadurch erleben. Im „Tinnitus-Kontroll-Thermometer“ geben Sie an, wie ausgeprägt Sie Ihre Hilflosigkeit oder Ihre Einflussmöglichkeiten auf das Ohrgeräusch einschätzen. Im „Lebensstress-Thermometer“ tragen Sie den Grad Ihrer heute erlebten allgemeinen Belastung ein – abgesehen vom Tinnitus –, im „Schlaf-Thermometer“ kreuzen Sie Ihre Schlafgüte an, und im „Seelen-Thermometer“ schätzen Sie Ihre heutige Stimmungslage ein. Zudem notieren Sie noch weiter wichtige Antworten zu vorgegebenen und zu eigenen Fragen aus den „Verträgen mit sich selbst“ (siehe Seite 98).
Am Ende der jeweiligen Woche legen Sie ein Lineal an die Thermometer an und übertragen die ungefähren Einschätzungsdaten (1 Millimeter = 2 Punktwerte bei einem DIN-A4-Format) in eine selbst gezeichnete „Bilanz-“ oder „Fieberkurve“ auf Kästchenpapier um die jeweiligen Verläufe sicht- und vergleichbar zu machen. Dieses in Zusammenhang gesetzt mit den weiteren erhobenen Daten (Wann wurde der Tinnitus schlimmer, wann besser, habe ich entspannt? usw.) verdeutlicht Ihnen, welche Stressauslöser und Stimmungslagen zu einer Verschlimmerung der Symptomatik führen und welche allgemeinen Verhaltensweisen und Situationen einen positiven Einfluss haben. Vor allem erfassen Sie dabei auch die allgemeinen positiven Auswirkungen Ihres Selbst-Managements auf die Ohrgeräusche „schwarz auf weiß“. Sie finden somit ganz genau heraus, welche Verfahren die größte Wirkung auf Ihr Erleben der Ohrgeräusche haben.

Gedankenprotokoll

Negative oder pessimistische Gedanken lösen belastende Gefühle aus, die zu körperlichen Stressreaktionen führen. Das wirkt sich verschlechternd auf die Ohrgeräusche aus. Mit dem „Tinnitus-Gedankenprotokoll“ (siehe Seite 104) können Sie Ihre den Tinnitus verstärkenden Gedanken durch Beobachtung herausfinden und nach etwas Übung anhaltend realistisch-optimistisch verändern. Sie füllen, wenn Sie eine Verstärkung des Tinnitus erleben, sobald wie möglich diese acht nummerierten Spalten aus.
In „1“ vermerken Sie, wann und wo die Verschlechterung von Ihnen erlebt wird (Beispiel: „a) Montag, 03.05., 12.30 Uhr, Arbeitsplatz“) und schätzen die Tinnitusbelastung ein (Beispiel: „b) –50“). In „2“ geben Sie an, durch welches vorausgegangene belastende Gefühl die Verschlechterung auftrat (Beispiel: „a) Unsicherheit, Angst“) und wie ausgeprägt Ihr Stressempfinden ist (Beispiel: „b) –80“). In „3“ notieren Sie den oder die vorausgegangenen Gedanken (Beispiel: „Oh, das schaff‘ ich nie. Die anderen können das immer viel besser. Weil ich das niemals alles richtig machen kann, bin ich nichts wert!“). Auf Grund welcher Situation oder welchen inneren Ereignisses dieser Gedanke entstand, schreiben Sie in „4“ nieder (Beispiel: „Chef verteilt neue Aufgaben.“). Nun überdenken Sie die Inhalte der vier Spalten und überlegen, ob dieser automatisch den Tinnitus verschlimmernde Vorgang unweigerlich so ablaufen muss. Oder finden Sie auch positivere oder optimistischere

Gedankengänge, die glaubwürdig sind für Sie und nicht zu solchen belastenden Gefühlen und damit zur Tinnitusverschlimmerung führen? Dazu können Sie sich fragen, ob die anderen Menschen genauso denken würden, wie Sie es eben taten. Ist der Gedanke allgemein logisch und verstandesmäßig einleuchtend? Welche anderen günstigeren Ansichten gibt es darüber?
Und bedenken Sie, dass eine halbe Tasse Kaffee als halbleer, aber auch als halbvoll betrachtet werden kann. Beides ist realistisch. Nur hat im Allgemeinen immer die positivere Sicht der Welt angenehmere Gefühle und somit weniger Stress sowie mehr seelische und körperliche Gesundheit zur Folge. Weitere Streß auslösende ungünstige Denkweisen wären das „Ganz-oder-gar-nicht-Denken“, das Übertreiben, „Immer“- und „Nie“-Sätze, ein negatives Detail statt des Guten in den Mittelpunkt rücken, voreilige Schlussfolgerungen ziehen, scheinbares „Gedankenlesen“ oder „Hellsehen“ in die Zukunft, „Sollte“-, „Müsste“- oder „Dürfte“-Sätze und einiges mehr (siehe Literaturhinweise hierzu im Anhang Seite 109).
Nach der eingehenden Überprüfung Ihrer Gedanken tragen Sie die vernunftgemäß „optimistischeren“ Gedanken in Spalte „5“ ein (Beispiel: „Okay, ich nehme diese Herausforderung an. Selbst wenn ich etwas falsch mache, wird mir keiner den Kopf abreißen, sondern ich werde daraus lernen. Es ist noch kein Meister vom Himmel gefallen! Ich bin ein wertvoller Mensch auch ohne Leistung – einfach nur, weil ich da bin!“). Gelingt Ihnen dieses vorerst nicht, können Sie sich gemeinsam mit einer oder mehreren Vertrauenspersonen darüber austauschen und einen angemesseneren Gedankengang finden. Das daraufhin üblicherweise zum Positiven veränderte Gefühl wird von Ihnen in der Spalte „6“ notiert (Beispiel: „a) Unsicherheit abgeschwächt, keine Angst, Neugier“). Zudem tragen Sie hier Ihren momentanen Grad der Angespanntheit ein (Beispiel: „b) –30“). Diese normalerweise belastungsverringernde Auswirkung auf das Ohrgeräusch vermerken Sie in der Spalte „7“ (Beispiel: „–20“). In „8“ schätzen Sie nun die vermutlich veränderte Überzeugung der eigenen Beeinflussbarkeit des Tinnituserlebens ein (Beispiel: „+30“).

Dokumentarfilm

Einmal angenommen, Sie erhielten vom Fernsehen den Auftrag als Profi einen authentischen Erfahrungsbericht über das allgemeine Leben mit Tinnitus zu drehen. Um dafür das Drehbuch zu liefern und Regie führen zu können, entwickeln Sie nun in Ihrer inneren Vorstellung zwei Filmbeiträge. Im kürzeren ersten „inneren Film“ wird eine andere Person dargestellt, die genau den gleichen Tinnitus hat wie Sie – in gleicher Lautheit und Unangenehmheit. Im längeren zweiten „inneren Film“ stellen Sie sich zuerst eine weitere Person vor. Sie hat einen gleichlauten Tinnitus, fühlt sich aber durch diesen nicht belastet, son-

Entwickeln Sie in Gedanken Ihren eigenen Dokumentarfilm

Stellen Sie sich zwei von Tinnitus betroffene Personen vor, die ganz unterschiedlich mit der Erkrankung umgehen

dern akzeptiert die Ohrgeräusche vollkommen und nimmt sie gar nicht mehr bewusst wahr. Zu ihr passt ein leidendes Verhalten überhaupt nicht. Die Person ist frohen Mutes.
Im Anschluss versetzen Sie sich mit deren Fähigkeiten in Ihre eigene Zukunftsvorstellung und beschäftigen sich näher gehend mit dieser neu gemachten inneren Erfahrung. Die folgenden Vorgehensschritte und Fragen erleichtern Ihnen die phantasievollen Szenen vor dem inneren Auge, sozusagen im Geiste, zu produzieren und leiten Ihre kreative Selbstauseinandersetzung damit an.

„Innerer Film" I

1. Tranceeinleitung …
2. innere Vorstellung einer anderen Person mit dem gleichen Tinnitus, den ich habe (Lautheit und Unangenehmheit), entwickeln …
3. Betrachtung von außen: „Wie verhält sich die Person da? … Wie wirkt sie? … Was drückt sie aus? … Wie ist ihr Erscheinungsbild? … (Pause) … "
4. Inneres Befinden: „Wenn ich wüsste, was mit dieser Person dort los ist, was sie empfindet, wie sie sich fühlt, was wäre das? … Was ist das für ein Mensch? … Was führt sie für ein Leben? … Wie ist ihr Arbeitsverhalten? … Wie verhält sie sich mit anderen Menschen? … Wie sieht ihr Bekanntenkreis aus? … Wie ist ihr Kontakt zu den anderen nahe stehenden Personen? … Wie ist ihre Partnerschaft? … Was denkt diese Person, und was hat sie für Überzeugungen und Einstellungen? … Hat sie Spaß, Genuss und Lust im Leben? … Wie ist ihr Verhältnis zu sich selbst und ihr Selbstwertgefühl? … (Pause) … "
5. Lösungen: „Was fehlt der anderen Person und was bräuchte sie, damit es ihr wohler geht? … Was müsste sie im Leben anders machen? … Welche Veränderungen muss sie durchführen, um sich besser zu fühlen? … (Pause) … "
6. Trancerückorientierung …
7. Aufschreiben dieser charakteristischen Eigenschaften, des emotionalen Zustands und der Erkenntnisse, die den Zustand verbessern würden

„Innerer Film" II

1. Tranceeinleitung …
2. Innere Vorstellung einer anderen Person entwickeln, die den gleichlauten Tinnitus, den ich habe, ohne größere Schwierigkeiten leichter akzeptiert, mehr oder weniger ignoriert und von den Ohrgeräuschen unbeeinflusst ein relativ glückliches und sinnerfülltes Leben führt …
3. Betrachtung von außen:… (Fragen wie „Innerer Film")
4. Inneres Befinden:… (Fragen wie „Innerer Film")
5. Lösungen: „Nun versetze ich mich einfühlsam in diese Person … Ich schlüpfe sozusagen in ihren Körper hinein … Wenn man so lebt, wie fühlt sich das dann an? … Wo im Körper spürt man diese Gefühle? … Wie ist nun das allgemeine Lebensgefühl? … Wie ist meine Körperhaltung, mein Blick und meine Atmung dann? … Woran erkennen meine Mitmenschen, dass mir die Ohrgeräusche gleichgültig sind? … Wie sieht die Umwelt aus? … Wie verändern sich die Leute, die ich sehe? … Und was ist anders in

meiner Einstellung mir selbst gegenüber? ... Und während ich das alles sehe, wie fühlt sich das für mich an? ... Während ich den anderen Menschen zuhöre, was höre ich? ... Und während ich innerlich mit mir selbst rede, was sage ich zu mir? ... Wie denke ich anders? ... Wie viel Genuss, Freude und Lust empfinde ich im Leben? ... (Pause) ...

6. Eigenes Zukunftsziel: „Gut, und nun stelle ich mir innerlich vor, ich wache eines Morgens in meinem Schlafzimmer auf und ich besitze all diese Fähigkeiten und Möglichkeiten selbst ... Der Tinnitus ist gleichgülti, und ich fühle mich wohl ... Woran nehme ich wahr, dass ich trotz der Ohrgeräusche eine hohe Lebensqualität habe und die Belastung durch den Tinnitus ***endgültig*** *hinter mir liegt? ... Woran bemerken meine Mitmenschen an mir, dass ich den Tinnitus tolerieren kann? ... Was fühle ich, wenn ich mein Ziel erreicht habe, mich an den Tinnitus zu gewöhnen und ihn leicht zu ignorieren? ... Wie und wo in meinem Körper werde ich es besonders empfinden? ... (Pause) ... Was denke ich über die Dinge, die mich damals in dem vergangenen Heute beschäftigt und belastet haben? ... Und was weiß ich jetzt im zukünftigen Heute, was ich damals noch nicht wusste? ... (Pause) ... Welche guten Erkenntnisse oder Empfehlungen kann ich mir als der Person von damals geben, wie sie ihr Ziel erreichen kann? ... Und welches war der wichtigste Veränderungsschritt, den ich gemacht habe um mein Ziel zu erreichen? ... (Pause) ... Was hat mir im zukünftigen Heute geholfen, was ich im vergangenen Jetzt nicht nutzte? ... (Pause) ... Und ich kann neugierig sein, wie schnell ich zu meinem veränderten Verhalten finde, damit ich mit den Ohrgeräuschen gut leben kann ... Wie habe ich es geschafft mich zu verändern? ... Was ist anders in meinem Leben, was kann ich jetzt, was ich vorher nicht konnte? ... (Pause) ... Wie sieht mein Leben nun aus? Wie erlebe ich mich, meine Mitmenschen und die Umwelt? ... (Pause) ... Und wenn ich in meinen Spiegel schaue, was erlebe ich anders an mir und meiner Einstellung zu meiner Person? Wie habe ich das erreicht? ... (Pause) ...“*

7. Konsequenzen-Prüfung: „Auch wenn es mir seltsam vorkommt, beantworte ich mir nun auf jeden Fall ernsthaft folgende äußerst wichtige Fragen:

- *In welchen Situationen will ich lieber das alte Verhalten beibehalten (mindestens drei!)? ... (Pause) ...*
- *Wenn ich die realistische Zukunftsvorstellung nun in meinem Leben erreicht habe, welche im ersten Moment noch so unsinnig klingenden Nachteile könnten sich daraus für mich ergeben (mindestens drei!)? ... (Pause) ...*
- *Was könnte ich tun um solchen negativen Folgen vorzubeugen? ... (Pause) ...*
- *Wie male ich mir innerlich nun meine positive, aber realistische Zielerreichung in zukünftigen bestimmten Situationen aus (mindestens drei!)? ... (Pause) ...“*

8. Trancerückorientierung ...

9. Aufschreiben, was ich hieraus gelernt habe und ändern will um den Tinnitus besser zu bewältigen.

Im Dialog mit dem Unbewussten

Oft ist es hilfreich, den Tinnitus selbst als Ausdruck oder „Botschafter" des weisen Unbewussten zu verstehen. Der Tinnitus weist häufig auf von dem Betroffenen unbewusst verdrängte belastende Gefühle und somit auf Stressthemen hin.

Vielleicht „horchen" auch Sie einmal in dieser etwas anderen Art nach innen und erfahren von Ihrem Tinnitus-Symbol möglicherweise zum einen, was in Ihrem Leben günstiger laufen könnte. Zum anderen erhalten Sie durch diese Übung indirekte Hinweise, welche Erfahrungen Sie besser leben sollten und mit welchen Verhaltensweisen Sie diese erreichen können. Sie erhalten Gelegenheit herauszufinden, welche unbewusste gute Absicht Ihres Unbewussten vielleicht hinter Ihrem Leiden unter den Ohrgeräuschen stehen mag.

Der Tinnitus selbst oder seine Veränderung kann Ihnen helfen, die Botschaften Ihres Unbewussten zu verstehen

Häufig wurde Betroffenen in diesem recht ungewöhnlichen inneren Dialog der Sinn beziehungsweise Vorteil des Störungsbildes erst nach und nach bewusst. So werden meist erst einfache und elementarere Absichten klar, ehe Ihnen die eigentliche, dahinter stehende Kernabsicht deutlich wurde. Beispielsweise kann eine Verstärkung des Tinnitus auf perfektionistisches Verhalten hinweisen, das zur Überlastung führt. Darüber hinaus zeigt er auf, dass dieses perfektionistische Verhalten unrealistischerweise dafür sorgen soll keine Fehler zu machen. Diese Fehlerlosigkeit hat das Ziel, über perfekte Leistungserbringung für ein stabiles Selbstwertgefühl zu sorgen. Der Tinnitus weist also im Sinne seiner positiven Kernabsicht warnend indirekt auf eine gefährliche und stresserzeugende Überzeugung hin: „Nur wenn ich alles perfekt leiste, bin ich ein wertvoller Mensch!" Er ermöglicht somit erst die Hinterfragung und Veränderung dieser häufig zu psychosomatischen und psychischen Erkrankungen führenden Überzeugung mit ihren folgenden Fehlverhaltensweisen. Viele Betroffene lernten, nach solch einer eingehenden Erkenntnis den Ohrgeräuschen eine noch so weit gefasste Sinnhaftigkeit abzuringen und sie damit leichter zu akzeptieren und somit zu bewältigen. Sie nehmen heute den Tinnitus sogar häufig als eine Art „Alarmanlage" an. So verlagert sich sein ursprünglicher Nutzwert als mahnender Signalreiz für körperliche Störungen auf den psychischen Bereich für Stress oder Probleme. Er wird laut oder penetranter, wenn etwas im Leben nicht stimmt beziehungsweise man sich zu viel zugemutet hat. Ist diese Nutzbarmachung des Ohrgeräusches im Sinne des Findens von Hintergrundproblemen und deren Lösung erfolgreich, werden Sie eine enorme Reduzierung der Gesamtsymptomatik erleben.

1. Tranceeinleitung …

2. Vergegenwärtigung des Symbols für den Tinnitus (aus Abschnitt „Symbolarbeit")

3. Mit dem Symbol direkt oder indirekt in den Dialog treten: „Wenn ich annehmen würde, dass mein Unbewusstes mit dem Tinnitus etwas Gutes für mich erreichen will … und ich es darüber befrage, ... was würde das Symbol mir antworten, mich fühlen lassen oder mir in Bildern dazu zeigen? ... Und ich kann neugierig sein, wie das Symbol mir auf phantasievolle Weise früher oder später deutlich macht, welche gute Absicht es für mich verfolgt ... Und es mag mir bewusst in den Sinn gelangen oder völlig unbewusst deutlicher und deutlicher werden, welche Vorteile ich möglicherweise aus den Ohrgeräuschen ziehe ... (Pause) ...“

4. Kernabsicht herausfinden: „Wofür ist das dann wohl gut? ... Welches Ziel strebt mein Unbewusstes darüber hinaus damit für mich an? ... Was will es mit dieser guten Absicht noch für mich erreichen? ... (Pause) ... Und gibt es darüber hinaus noch weitere Ziele, was will mein Unbewusstes hiermit sonst noch Sinnvolles für mich erreichen? ... (Pause) ... (So lange weiterfragen, bis Sie keine plausible Antwortmöglichkeit mehr finden!)

5. Zielbild: Ich gebe meinem Tinnitussymbol nun den Raum und die Zeit, die es braucht um mir in der inneren Vorstellung meiner Zukunft zu zeigen, was es Gutes für mich erreichen will ... Wie es für mich besser wäre zu sein, zu leben oder mich zu verhalten ... (Pause) ... Ich erlaube dem Symbol sozusagen, mir in meiner inneren Vorstellung einen ausführlichen „Film“ von mir zu gestalten, wie der Tinnitus sich von mir wünscht, dass ich mein Leben gestalten möge, ... und ich mich so verhalte, dass der Tinnitus mir nicht mehr so aufdringlich erscheinen muss ... (Pause) ... Okay, und nun schlüpfe ich in diesen Film, in meinen Körper hinein ... Was und wie sehe ich, ... höre ich ... und fühle ich? ... Welche neuen Erfahrungen mache ich? ... Wofür ist das wichtig? ... (Pause) ...“

6. Zukunftstest: „Okay, und nun erlebe ich in der Vorstellung, wie ich eine zukünftige leichte, mittlere und eine schwere Situation gut in meiner neuen Art meistere ... (Pause) ...“

7. Trancerückorientierung ...

8. Aufschreiben der Ergebnisse. Einige Erkenntnisse werden Ihnen möglicherweise mit zeitlicher Verzögerung bewusst oder erst in Träumen deutlicher. Bei Ausbleiben von Einsichten oder Unzufriedenheit damit wiederholen Sie diese Übung nach einiger Zeit.

Nutzen Sie Ihre Ohrgeräusche, um Hintergrundprobleme aufzudecken und zu lösen

Die eigenen Ziele umsetzen lernen oder „Der innere Schweinehund“

Positive Veränderungen brauchen ihre Zeit – die vier Schritte des „Selbst-Managements“ helfen Ihnen durchzuhalten

Die folgenden vier Schritte beschreiben das Selbst-Management im engeren Sinne. Viele Tinnitusbetroffene klagen, dass sie eigentlich wissen, was gut für sie ist, doch den „inneren Schweinehund“ zu überwinden fällt ihnen schwer.

Jeder kennt es: Man hofft, dass positive Veränderungen kurzfristig von heute auf morgen eintreten. Leider dauert es aber meistens länger, bis die positiven Veränderungsschritte eingeübt und in das Leben integriert sind. Man braucht daher die Fähigkeit, kurzfristigen Aufwand und vielleicht erschwerende Umstände auszuhalten, bevor die langfristigen positiven Konsequenzen erreicht werden.

So fällt es beispielsweise einigen Menschen erst einmal schwer, regelmäßig Entspannung zu trainieren um später den Tinnitus in den Griff zu bekommen. Die folgenden Selbst-Management-Schritte sollen Ihnen helfen Ihr Verhalten selbstverantwortlich aufzubauen oder gezielt zu ändern. So können Sie lernen, selbst mit vielleicht zeitaufwändigeren oder mühsameren Methoden Ihre Symptome positiv zu beeinflussen, sogar lieb gewonnene schlechte Angewohnheiten abzubauen oder neue gesündere Vorsätze auch wirklich auszuführen.

WICHTIG

Diese vier Schritte des Selbst-Managements sind nacheinander durchzuführen:

1. *Vertrag mit sich selbst*
2. *Selbstbeobachtung*
3. *Selbstbewertung*
4. *Selbstbelohnung*

In einer Art „Vertrag mit sich selbst“ werden die eigenen einzelnen Verhaltensziele nach dem eingehenden Vergleich des gegenwärtigen „Ist-Zustandes“ (gezeigtes Verhalten) und des „Soll-Zustandes“ (Wünsche und Ziele) des eigenen Verhaltens detailliert niedergeschrieben. Ob der Vertrag eingehalten wurde oder nicht, wird regelmäßig selbst beobachtet und protokolliert, später selbst bewertet und selbst belohnt. Nun sollen die einzelnen Schritte durch Beispiele näher verdeutlicht werden.

Der Vertrag mit sich selbst

Wollen Sie zur Stressverminderung regelmäßig die progressive Muskelentspannung ausüben, Ausdauersport treiben (Konditionstraining, Jogging, Kraulschwimmen), für eine ausgewogene Ernährung sorgen (Vitamine, Mineralien, täglich zwei Liter Mineralwasser), sich regelmäßig antidepressiv

„etwas gönnen“ oder andere selbst entwickelten Verhaltensänderungen erreichen, dann schreiben Sie nun ganz genau und detailliert in einem aktuellen „Vertrag“ die anzugehenden Aufgaben und Ziele nieder. Sie können nun einen realistischen Zeitplan für sich aufstellen, nach dem Sie vorgehen wollen.
So wäre es beispielsweise sicher unrealistisch, die progressive Muskelentspannung innerhalb einer Woche zu lernen. Also gehen Sie einfach nach der angegebenen Zeitempfehlung vor und trainieren Woche für Woche einen weiteren Übungsabschnitt. Der „Ist-Zustand“ wäre: „Ich kann keine Progressive Muskelentspannung“. Der „Soll-Zustand“: „Ich möchte die progressive Muskelentspannung beherrschen“. So wäre der erste Vertrag mit sich selbst: „Ich übe eine Woche lang täglich 5 mal 5 Minuten den ersten Übungsabschnitt“.

Selbstbeobachtung

Sie beobachten dann regelmäßig selbst Ihre Ausführung dieser neuen Verhaltensweisen zum Erreichen des selbst gesteckten Ziels. Dafür tragen Sie mindestens einmal am Tag in ein selbst erstelltes oder das vorgegebene „Tinnitus-Tagesprotokoll“ ein, ob Sie Ihr Tagesziel erreicht haben oder nicht (siehe Leerzeilen im „Tinnitus-Tagesprotokoll“, Anhang A1). Nachdem Sie also 5 mal 5 Minuten die progressive Muskelentspannung trainiert haben, kreuzen Sie bei der Frage zur Entspannungsübung „Ja“ an.

Selbstbewertung

Mit den Ergebnissen der Selbstbeobachtung bewerten Sie nun eigenständig Ihr Verhalten. Das beinhaltet die Bewertung dessen, was Sie an diesem Tag an eigenem Verhalten gezeigt haben, mit den ursprünglichen eigenen Zielen aus dem Vertrag. Um am Beispiel zu bleiben, stellen Sie sich die Frage: „Bin ich mit meinem ausgeführten Pensum des Entspannungstrainings gemäß meines Vertrages zufrieden?“.
Wichtig ist hierbei, dass Sie sich ehrlich selbst eingestehen, ob Sie zufrieden oder unzufrieden mit Ihrem Verhalten sind, und nicht einfach ignorierend darüber hinweggehen. Nehmen Sie sich hierfür Zeit und lassen Sie diese Bewertung auf sich wirken. Verdrängen Sie sie nicht, sondern stehen Sie zu ihr. Dieser Schritt wird meistens übersehen. Er ist aber sehr wichtig für die Selbstauseinandersetzung. Da die Auftretenshäufigkeit von Verhalten aber sehr von seinen Konsequenzen abhängt, ist der folgende Schritt eine wichtige Ergänzung für Ihr Selbst-Management.

Nehmen Sie sich genügend Zeit für die Selbstbewertung und seien Sie dabei möglichst ehrlich

Selbstbelohnung

Sind Sie mit Ihrem neuen Verhalten nach der Selbstbewertung zufrieden, loben und belohnen Sie sich selbst für das eigene Verhalten, indem Sie sich etwas gönnen oder etwas tun, was Ihnen Freude bereitet. Sind Sie nach der Selbstbewertung mit dem gezeigten eigenen Verhalten unzufrieden, tadeln Sie sich, indem Sie sich eine gewisse Zeit lang bestimmter lieb gewonnener Tätigkeiten enthalten. So trinken Sie vielleicht die Tasse Kaffee erst, nachdem Sie dann doch gejoggt sind. Oder Sie sehen den Fernsehfilm oder die Nachrichten erst, nachdem Sie die Entspannungsübung nachgeholt haben.

Diese beiden selbst ausgeführten Vorgehensweisen des Lobs und des Tadels erhöhen das Auftreten des neu gelernten Verhaltens. Sinnvoll ist auch eine Bewertung und Belohnung nach längeren Zeitabschnitten. Um am Beispiel Entspannungstraining zu bleiben, könnten Sie möglicherweise mit sich abmachen, dass Sie eine angenehme Veranstaltung besuchen (Kino, Theater), einen Ausflug machen oder sich ein schönes Kleidungsstück kaufen, sobald eine Woche tägliches Üben erfolgreich geschafft wurde. Haben Sie Ihr Wochenziel nicht erreicht, könnten Sie sich das wochenendliche Ausgehen untersagen, die ungeliebte Straße fegen, die aufgeschobene Wäsche des Partners zu bügeln oder sich verpflichten, fünfzig Deutsche Mark namentlich an eine „gegnerische" Partei zu spenden.

Legen Sie die Auflagen und Belohnungen schon im Vertrag mit sich selbst fest

Die Auswahl der Belohnungen und Auflagen sollte aber nicht erst nach der Selbstbewertung stattfinden. Vielmehr sollten Sie sie schon im Vorwege in den Vertrag mit sich selbst aufnehmen, damit Sie gar nicht erst in die Versuchung kommen zu feilschen oder zu mogeln. Denken Sie daran: Sie betrügen sich höchstens selbst und kommen Ihren Zielen kein Stück näher. Es handelt sich hier also allgemein um eine Art „Erziehung mit sich selbst". Erfolgreicher ist allerdings das Eigenlob. Jedoch scheinen die meisten Menschen fälschlicherweise ständig zum Eigentadel zu neigen. Hat man doch einmal ein Ziel erreicht, dann geht man als Selbstverständlichkeit schnell darüber hinweg. In der Psychologie wurde festgestellt, dass selbstbelobigende oder allgemein positive innerliche Selbstgespräche bei vielen stressgeplagten Menschen fast völlig ausgespart bleiben. Wann haben Sie sich denn das letzte Mal selbst „auf die Schulter geklopft"? Solch ein positiver Umgang mit sich selbst unterstützt unter anderem Ihre Stressbewältigung, verringert die Entwicklung psychischer Störungen und ermöglicht Ihnen ein stärkeres Selbstwertgefühl aufzubauen.

Prinzip der kleinen Schritte

Falls dennoch dauerhafte Unzufriedenheit mit dem eigenen gezeigten Verhalten am Ende mehrerer Durchläufe dieses Selbst-Management-Prozesses besteht, sollten Sie überprüfen, wo Ihre Ziele zu hochgesteckt sind. Denn bedenken Sie: Nicht Misserfolge motivieren, sondern Erfolge! Viele Betroffene wollen nach einer oft jahrelangen Odyssee verständlicherweise ganz schnell Linderung erzielen. Andere haben eine extrem hohe Leistungsorientierung für sich oder haben noch nicht akzeptieren können, dass Tinnitus „ein Klotz am Bein" sein und manche Dinge des Lebens vorerst erschweren kann.

Hier gilt es, das „Prinzip der kleinen Schritte“ anzuwenden. Die Ziele werden im Vertrag in Teilziele zerlegt, die zu erreichen möglich sind und nacheinander auch „erklommen“ werden können. Bedenken Sie, dass Sie nach Auftreten der Ohrgeräusche einen Vergleich mit neuer „Messlatte“ vornehmen. Man ist häufig nicht so schnell wieder so leistungsfähig wie vor dem Tinnitus! Von einem sportlichen Patienten, dem nach einem geheilten Beinbruch der Gips entfernt wird, verlangt man ja auch nicht sofort einen Dauerlauf! So könnte der beispielhafte Vertrag mit sich selbst, 5 mal 5 Minuten täglich progressive Muskelentspannung zu trainieren, dahingehend verändert werden, dass nur 2 mal 5 Minuten täglich trainiert wird und pro weitere Woche ein 5-Minuten-Abschnitt hinzugenommen wird.

Schlussbemerkungen

Zusammenfassend möchte ich erwähnen, dass die wichtigsten Eckpfeiler der Bewältigung des Tinnitus im Allgemeinen Entspannung, Bewegung und mental (= gedanklich) symptombeeinflussende Selbsthypnosen sind. Im Besonderen ist es aber bei starkem Leidensdruck ausgesprochen wichtig, eigene, möglicherweise unbewusst emotional belastende Probleme mit Hilfe der Ohrgeräusche zu erkennen und daraufhin zu lösen. Damit ist nicht gemeint, der Tinnitus sei rein psychisch entstanden, sondern durch das Lösen von belastenden Problemen gibt es weniger körperliche Stressreaktionen, was sich vorteilhaft auf die Ohrgeräusche auswirkt.

Dass einigen Schwerbetroffenen das Erlernen von Entspannung anfangs zu schwierig erscheinen mag, ist zum einen verständlich, weil die Ohrgeräusche dabei zunächst noch mehr in den Vordergrund geraten können, und zum anderen weil heute psychologisch davon ausgegangen werden kann, dass eine stressbedingte dauerhafte Angespanntheit allgemein durchaus ihren Sinn haben kann: Das bewusste Erleben belastender Gefühle wird vermieden. Das mag kurzfristig ein Vorteil sein, führt langfristig aber zur körperlichen Überbeanspruchung und damit unter Umständen zu Stresserkrankungen, die Tinnitus zur Folge haben. Zusätzlich vergibt man sich die Gelegenheit, Stressauslöser oder Probleme zu erkennen und anhaltende Lösungen dafür zu finden. Somit bleibt eine psychische Aufarbeitung der Problematik im Sinne einer reifen Weiterentwicklung der Persönlichkeit, die zudem widerstandsfähiger gegen Stress wäre, aus. Bildlich gesprochen, rennt man ständig wie ein „Hamster im Laufrad“, damit man kurzfristig nicht spürt, dass man im „Käfig“ sitzt. Allerdings nimmt

Gefühle geben unbewusste Hinweise zu Problemlösungen und zeigen Ihnen auch Grenzen auf

man sich tragischerweise nicht die Ruhe und die Zeit, den Ausgang aus dem Käfig in die Freiheit zu finden. Es ist daher wichtig, allgemein mehr eigene Gefühle und Bedürfnisse wahrzunehmen, zu verstehen, auszudrücken, zu verarbeiten und zu lernen, damit handhabbar umzugehen. Gefühle sind sozusagen Ihr „innerer Kompass“. Zum einen sind sie unbewusste Hinweise für den Weg der Problemlösung. Zum anderen ist dieses wegweisende „Wieder-empfindsam-Werden“ notwendig, damit Sie merken, wo genau ihre Kraftgrenzen liegen, die zu akzeptieren sind, und was Sie eigentlich für Ihr Leben brauchen. Vielleicht verhilft Ihnen der Tinnitus, in diesem Sinne wieder vermehrt mit sich in „Einklang“ zu gelangen und demzufolge selbstverantwortlich in der weiteren Lebensführung, wenn auch nur in den kleinen Dingen des Alltags, für mehr Spaß, Genuss, Freude und Lust zu sorgen – für mehr „Wollen“ und weniger „Müssen“!

Mit dem Ihnen vorliegenden Buch werden viele betroffene Leser eine große Etappe auf ihrer „Odyssee“ vorankommen können. Dafür ist es aber wichtig, das Buch nicht nur einmal durchzulesen, sondern es als Trainingsanleitung griffbereit zu haben und es häufiger für sich zu nutzen. Auf den ersten Blick mag Ihnen einiges vielleicht schwierig erscheinen. Nehmen Sie sich aber regelmäßig Zeit für sich, um sich den Anwendungen zu nähern und mit ihnen zu experimentieren, dann werden Sie Ihre eigenen positiven Erfahrungen mit dem „Selbst-Management bei Tinnitus“ sammeln. Sollte Ihnen das nicht ausreichend hilfreich sein, können Sie zudem von Selbsthilfegruppen, beispielsweise der Deutschen-Tinnitus-Liga e. V., Unterstützung erwarten oder sich zu einer umfassenderen Psychotherapie entschließen.

Und jeder Betroffene wird mit der Zeit auf seine ganz eigene Weise eine immer tiefere Einstellungsänderung bezüglich des Tinnitus erreichen können. Und möglicherweise erleben auch Sie nach der eingehenden „Selbst-Besinnung“ den Tinnitus nicht mehr als „heimtückischen Feind“, den es mit aller Kraft zu „bekämpfen“ gilt, sondern vielleicht sogar als „notwendiges Übel“, das Ihnen hilft, sich mehr mit sich und den eigenen Lebensthemen auseinander zu setzen. So würden auch Sie durch diese nahezu unbewusst erzwungene Beschäftigung mit sich und dem Tinnitus eine allgemein reifere Persönlichkeitsentwicklung und dadurch mehr Lebensfreude gewinnen können.

Diese „Entfaltung“ mag zu Beginn sehr beschwerlich und langsam vor sich gehen. Das Ziel wirkt noch weit weg und kaum erreichbar. Aber auch eine Raupe zweifelt auf ihrem mühsamen Weg daran, später leicht, schnell und bunt zu sein. Und Schmetterlinge können sogar fliegen!

Anhang

Materialien

Tinnitus-Gedankenprotokoll

Wenn Sie die Ohrgeräusche verstärkt bemerken, sie sich Ihnen mehr aufdrängen und/oder Sie sich durch sie vermehrt belastet fühlen, dann füllen Sie sobald wie möglich dieses Protokoll aus:

1. Tinnitusverschlechterung
a) Wann und wo erlebe ich den Tinnitus verstärkt (Datum/Uhrzeit/Ort)?
b) Wie schätze ich die Tinnitus-Belastung ein (–100 bis +100)?

2. Gefühle/Stress
a) Welches belastende Gefühl ging der Tinnitusverschlechterung voraus oder besteht noch (Angst, Traurigkeit, Ärger, Ekel, Scham, Unsicherheit, Unlust ...)?
b) Wie gestresst fühle ich mich (Angespanntheit von –100 bis +100)?

3. Pessimistische Gedanken
Welche belastenden Gedanken (Befürchtung, Annahme, Angstphantasie, Selbstabwertung, Einstellung, Bewertung, Überzeugung, Glaubenssatz ...) gingen diesem Gefühl voraus?

4. Situation
Was ging den pessimistischen Gedanken voraus (Ereignis, Tagtraum, Traum, Gedankenfluss, Körperempfindung, Tinnitus-Wahrnehmung ...)?

5. Optimistischere Gedanken
(Sind diese negativen Gedanken sachlich und realistisch? Entsprechen sie der einzig möglichen Betrachtungsweise oder würden andere anders darüber denken?)
Welche günstigeren sinnvollen Gedanken könnte ich statt dessen annehmen um weniger Stress zu entwickeln?

6. Gefühle/Stress jetzt
a) Wie fühle ich mich jetzt, nachdem ich die optimistischeren Gedanken verinnerlicht habe (kein, abgeschwächtes, gleich bleibendes, verstärktes und/oder anderes Gefühl)?
b) Wie gestresst fühle ich mich jetzt (Angespanntheit von –100 bis +100)?

7. Tinnitusverbesserung
Wie schätze ich die Tinnitus-Belastung jetzt ein, nachdem ich den Stress reduziert habe (–100 bis +100)?

8. Kontrolle
Wie schätze ich jetzt meine Fähigkeit ein, den Tinnitus in gewisser Weise beeinflussen zu können (von völlige Hilflosigkeit –100 bis maximale Kontrolle +100)?

Tinnitustagesprotokoll vom ....

Schätzen Sie bitte auf den Thermometern oder in ☐ den durchschnittlichen Tageswert mit einem entsprechenden x ein.

„Tinnitus-Intensitäts-Thermometer“

stärkste vorstellbare Lautheit des Ohrgeräusches	tolerierbares Maß des Ohrgeräusches	kein Ohrgeräusch bzw. maximale akustische Ruhe
–100	0	+100

„Tinnitus-Belastungs-Thermometer“

stärkste vorstellbare Ohrgeräusch-Belastung	tolerierbares Maß an Ohrgeräusch-Belastung	keine Ohrgeräusch-Belastung bzw. maximales Wohlbefinden
–100	0	+100

„Tinnitus-Kontroll-Thermometer“

hilflos dem Ohrgeräusch ausgeliefert, keine Einflussfähigkeit	tolerierbares Maß an Hilflosigkeit bzw. Einflussfähigkeit	maximale Einflussfähigkeit auf das Ohrgeräusch
–100	0	+100

„Lebensstress-Thermometer“

stärkste vorstellbare Angespanntheit	tolerierbares Maß an Angespanntheit	Angespanntheit nicht vorhanden bzw. entspannter Erholungszustand
–100	0	+100

„Schlaf-Thermometer"

überhaupt kein Schlaf	tolerierbares Maß an Schlaf	Schlaf-zufriedenheit
–100	0	+100

„Seelen-Thermometer"

schlimmstes seelisches Tief	mittelmäßiges seelisches Befinden	maximales seelisches Wohlbefinden
–100	0	+100

➔ Habe ich heute Erfahrungen gemacht, die meine Symptome auslösten oder verschlimmerten? nein ☐ ja ☐
Wenn „ja", welche?
➔ Habe ich heute Entspannungsübungen gemacht? nein ☐ ja ☐
➔ Habe ich heute Selbsthypnose durchgeführt? nein ☐ ja ☐
➔ Hatte ich heute Zeiten mit geringem bzw. keinem Symptomerleben? nein ☐ ja ☐
Wenn „ja", wie lange? .... wodurch? ....
➔ Hatte ich heute Bewegung oder sportliche Betätigung? nein ☐ ja ☐
➔ Hatte ich heute Erlebnisse, die mir Freude, Genuss oder Lust brachten? nein ☐ ja ☐
➔ ....? nein ☐ ja ☐
➔ ....? nein ☐ ja ☐
➔ ....? nein ☐ ja ☐
➔ Sonstige wichtige Anmerkungen: ....

Hilfreiche Adressen

Tinnitusorganisationen im deutschsprachigen Raum:

- Deutsche Tinnitus-Liga e.V. (DTL), Elbschlöerstraße 22, D-42369 Wuppertal (☎ 02 02/2 46 52-0)
- Schweizerische Tinnitus-Liga (STL), Postfach, CH-8052 Zürich
- Referat Tinnitus des österreichischen Schwerhörigenbund des, Radegunderstraße 10, A.8045 Graz

Psychosomatische Kliniken mit Erfahrungen in der Tinnitusbehandlung (in Deutschland):

- Klinik Bad Bramstedt, Birkenweg 10, 24576 Bad Bramstedt (☎ 0 41 92/5 04-0).
- Zentrum für Kopfschmerz und Tinnitus-Erkrankungen, Klinik am Park, Wällenweg 46, 32805 Horn-Bad Meinberg (☎ 0 52 34/9 92 10 oder -90 30)
- Klinik Roseneck, Am Roseneck 6, 83209 Prien am Chiemsee (☎ 08 05/6 01-0)
- Baumrainklinik, Lerchenweg, 57319 Bad Berleburg (☎ 0 27 51/8 70). Diese Klinik ist schwerhörigen und ertaubten Tinnitusbetroffenen sehr zu empfehlen.
- Brunnenklinik, Blomberger Straße 9, 32805 Horn-Bad Meinberg (☎ 0 52 34/9 06-0)
- Tinnitus-Klinik Große Allee GmbH, Große Allee 3, 34454 Arolsen (☎ 0 56 91/5 02 01)
- IPR-Fachkrankenhaus, Am Springbrunnen 3, 82347 Bernried/Starnberger See (☎ 0 81 58/25 20)
- Rehabilitationsklinik Werscherberg, Postfach 1126, 49143 Bissendorf (☎ 0 54 02/40 60)
- Kliniken am Burggraben, Forsthausweg 1c, 32105 Bad Salzuflen (☎ 0 52 22/39 80)
- Bosenberg-Klinik, 66606 St. Wendel/Saar (☎ 0 68 51/1 40)

Tinnitus-Sprechstunden (in Deutschland):

- Psychologisches Institut III der Universität Hamburg, „OHRwurm", Kontakt- und Beratungsstelle zur Rehabilitation von Tinnitus, Hörsturz und Schwindel, Von-Melle-Park 5, 20146 Hamburg (☎ 0 40/41 23-53 75)
- Hamburger Tinnitus Kontakt- und Informationsbüro der DTL und KISS, Fuhlsbüttlerstraße 401, 22309 Hamburg (☎ 0 40/6 31 61 16)
- Universitäts-HNO-Klinik in Lübeck, Ratzeburger Allee 160 (☎ 04 51/50 00)
- HNO-Klinik der Medizinischen Hochschule Hannover (☎ 05 11/53 20)
- Universitäts-HNO-Klinik in Münster (☎ 02 51/83 68 11)

- Universitäts-HNO-Klinik in Gießen, Feulgenstr. 10 (☎ 06 41/9 94 37 07)
- Universitäts-HNO-Klinik in Tübingen, Silcherstr. 5 (☎ 0 70/1 29 39 68)
- Universitäts-HNO-Klinik in Erlangen, Waldstr. 1 (☎ 0 91 31/85 31 56)
- Universitäts-HNO-Klinik in Regensburg (☎ 09 41/9 44 94 01)
- Universitäts-HNO-Klinik in Rostock (☎ 03 81/4 94 83 17)

- Das „Selbst-Management bei Tinnitus" wird ambulant in der „Psychologischen Praxis für Verhaltensmedizin und Psychotherapie" vom Autor oder seinen KollegInnen durchgeführt (☎/Fax: 0 40/5 11 32 49). Zudem werden Anfragen zu einem Therapieplatz auch an fachkundige und nach diesem Ansatz geschulte weitere KollegInnen im Großraum Hamburg vermittelt. Zum Zeitpunkt der Drucklegung wird dieses Behandlungskonzept als Ausbildungsgang für Psychologen von der Deutschen Psychologen-Akademie des Berufsverbandes Deutscher Psychologen (BDP) angeboten, wodurch eine deutschlandweite Verbreitung ermöglicht wird.

Literaturverzeichnis

Tinnitusliteratur für Betroffene:

- Biesinger, E.: Die Behandlung von Ohrgeräuschen. Trias, 1996.
- Frank-Auth, M.: Hörsturz. Trias, 1993.
- Halam, R.: Leben mit Tinnitus. rororo Sachbuch, 1996.
- Hamann, K.-F., u. a.: Schwindel. Trias, 1989.
- Klomsdorff, R.-G.: Hörsturz – und danach? Asanger, 1995.
- Markus, M., u. a.: SOS im Innenohr. Ratgeber Ehrenwirth, 1994.
- Plath, P. (Hrsg.): Lexikon der Hörschäden. Gustav Fischer, 1995.
- Svoboda, T.: So fühlen Sie sich frei von Ohrgeräuschen. Kösel, 1995. (Dieses „Regulationstraining bei Tinnitus" gibt es auf Tonkassetten.)
- Tönnies, S.: Leben mit Ohrgeräuschen. Asanger, 1996.

Tinnitus-Literatur für Fachleute und interessierte Laien:

- Feldmann, H., u. a. (Hrsg.): Tinnitus. Thieme, 1992.
- Goebel, G. (Hrsg.): Ohrgeräusche, Psychosomatische Aspekte des komplexen chronischen Tinnitus. Quintessenz, 1992.
- Schaaf, H.: Morbus Menière – Krieg im Innenohr.

Psychologische Fachliteratur, auf die Bezug genommen wurde

- Erickson, MH., u. a.: Hypnotherapie – Aufbau – Beispiele – Forschung. Pfeiffer, 1989.
- Hand, I., u. a. (Hrsg.): Verhaltenstherapie in der Medizin. Springer, 1989.
- Kanfer, FH., u. a.: Selbstmanagement-Therapie. Springer, 1996.
- Lazarus, R., u. a.: Stress, Appraisal and coping. Springer, 1984.
- Peter, B., u. a. (Hrsg.): Hypnose und Verhaltenstherapie. Huber, 1991.
- Revenstorf, D. (Hrsg.): Klinische Hypnose. Springer, 1993.
- Rossi, EL.: Gesammelte Schriften von Milton H. Erickson, Carl-Auer, 1995.

Selbsthilfebücher zur Stressbewältigung:

- Alman, BM., u. a.: Selbsthypnose. Carl Auer, 1995.
- Foreward, S.: Vergiftete Kindheit. Goldmann, 1990.
- Friebel, V.: Stress – nein danke! Falken, 1995.

Halama, P.: Ratschläge für Patienten, die an einer Depression leiden... Dieter Winkler, 1991.

Kabat-Zinn, J.: Gesund und stressfrei durch Meditation. Scherz, 1991.

Tausch, R.: Hilfen bei Streß und Belastung. rororo Sachbuch, 1995.

Seligman, MEP.: Pessimisten küsst man nicht. Optimismus kann man lernen. Knaur, 1993.

Wolf, D., u.a.: Gefühle verstehen – Probleme bewältigen. PAL, 1993.

Register

Alle Übungen auf einen Blick:

Im FALKEN Verlag sind zahlreiche Titel zum Thema „Gesundheit“ erschienen. Überall erhältlich, wo es Bücher gibt.

Der Text dieses Buches entspricht den Regeln der neuen deutschen Rechtschreibung.

Dieses Buch wurde auf chlorfrei gebleichtem und säurefreiem Papier gedruckt.

ISBN 3 8068 1776 6

Umschlaggestaltung: Elisabeth Berthauer
Layout: Hartmut Steinebrunner, Frankfurt/M.
Redaktion: Herbert Habicht/Elke Müller
Herstellung: Albert Brühl
Titelbild: THE STOCK MARKET, Rolf Bruderer, Köln
Foto Umschlagrückseite: THE STOCK MARKET, Paul Barton, Köln
Fotos: IFA Bilderteam, Frankfurt: S. 91 (Diaf); **Reinhard-Tierfoto (H. Reinhard)**, Heiligkreuzsteinach-Eiterbach: S. 76; **Silvestris Fotoservice**, Kastl/Obb.: S. 1, 5 (N. Rosing), 4, 60 (NHPA), 2 (Schneider und Will), 30 (L. Leonhard), 43 (Eckhardt), 103 (Brockhaus); **Tony Stone Images**, München: S. 10 (C. Thatcher)
Zeichnung: G. Scholz, Dornburg, S. 13

Satz: Raasch & Partner GmbH, Neu-Isenburg
Druck: Konkordia Druck GmbH, Bühl/Baden

817 2635 4453 6271